文艺感花园

打造植物自在生长的庭院

日本株式会社图像出版社　编

袁光　孙冬梅　刘思语　徐颖　王虹　译

机械工业出版社
CHINA MACHINE PRESS

目 录

随顺天然是造园的终极追求

THE CATEGORY
OF THE FOURTH GARDEN

4　与室内装修合为一体的文艺感花园

1

随心所愿、亲手打造的
文艺感庭院

HANDMADE GARDEN

亲手打造
庭院中的华茂之春与
澄澈之秋

芳草鲜美，花香袭人，
夏长秋收的果树和耀眼的红叶，
亲手打造的庭院中充满了季节更迭
所带来的期许感。
这是一个让人想做深呼吸的惬意天地。

爱知县丰川市·小岛家庭院

Spring Garden

华茂的春日庭院

这是4月下旬伴风出游时的美丽庭
院。好一派云雀向阳明翠羽，风和
日暖艳阳天啊。

这个庭院修建于十多年前。院子的外墙被常春藤所覆盖，银叶橄榄和蓝冰柏等树木刚好形成了天然的树篱。一架梯子闲倚在一棵先立足境、坦然自若的日本桤木上，成了院子里的亮点。

上图：学习椅上摆放的红色工具箱成了万绿丛中的一点红。景天或圆扇八宝等多肉植物长得丰润而茂盛。
下图：生长在小径两旁的蝴蝶戏珠花和荚迷雪球绽放着迷人的花朵。

从玄关处观探到的院落，
落叶树洒在地面上的光影
让此美舒阔。

左上图：走过停车场，穿过白漆木门，便可以进入庭院。　右上图：废弃不用的磅秤变成了院子里的一处风景。可以在跳蚤市场买到那个栽种多肉植物的铝锅。　左下图：把时令鲜花栽种在花盆中养护。可以在水桶里种上木茼蒿和常春藤。　右下图：可以让薜荔缠绕于小屋的墙壁和柱子上，使之和庭院中的翠绿成为一体。门旁边的黑法师是花友们的新宠。

Autumn Garden

澄澈的秋日庭院

◆◆◆◆◆

11月的庭院，榉树的叶片渐
染秋色，院落里沉淀着美丽
而沉稳的气氛。

在阳光中摇曳的一片绿意
用 10 年时间
打造的私家庭院

小岛女士说："我最喜欢多肉植物了。"
她没有把多肉植物种在地上，而是把它
们种在了花盆里。空瓶子、水壶、野餐
饭盒、工具箱都可以改装成个性花盆。

小岛女士说："我喜欢多肉植物。"她没有把多肉植物栽种在地上，而是栽种在了花盆里。空瓶子、水壶、宿营用的饭盒、工具箱，这些东西都可以变废为宝，变成可爱的花盆。

在回荡着悠闲气氛的郊外，住宅区里忽然呈现出了一片茂盛的小森林。这座被当作避暑山庄的庭院是小岛女士在 10 多年前打造出来的。因为她的母亲喜欢高大的植物，所以她从小就过着亲近自然的生活，她能打造出庭院真是再正常不过的事了。

庭院中作为焦点而存在的小屋是小岛女士委托从事园艺工作的"Alta"森田先生定制的。其他的绿植、小路、围栏都是小岛女士亲手制作的。她真是太能干了！

"我试着栽种过绿植，但因为对效果不满意，也拔除过几次。通过反复的试错与改进，我终于把庭院修建成了现在的这个样子。"

庭院用的桌椅是她在旧货商店和跳蚤市场里买到的。庭院中陈列的还有朋友送她的旧笆篓、锹镐等农具和工具，她用这些东西来点缀庭院。

"庭院中的生活对想要调整心态的我来说是必不可少的。拔除杂草，侍弄花草，思考接下来该做些什么或种点什么，这些对我而言是最幸福的事。"

据说，她将来还要在停车场的周边种出一片绿植场地，或整理出一片从客厅就能看到的园艺角。

"我想从客厅到地板露台边喝茶边赏景。现在的院子里只有茶花树篱，所以我在构思接下来的改造计划。"

对小岛女士而言，修整庭院、享受庭院生活是她生活的一部分。天长日久，这个已经打造得很美丽的庭院一定会变得更加美丽吧。

左上图：高大的日本桤木是这个庭院的主树。　右上图：车轮和生了锈的铁锹成了自然而从容的装饰物。　左下图：多肉植物混栽的周边是地栽的千叶兰。　右下图：晚秋时节的野茉莉以不同于春夏的优美株姿矗立在庭院里。

培育芳香植物的乐趣

除了几乎遍布庭院的薄荷，庭院中还有百里香、薰衣草、柠檬草等各种芳香植物。

美丽的多肉植物成了点睛之笔

这是小岛女士最为喜爱的多肉植物。它们和春季明艳的嫩叶、秋季浓情的红叶一样，有着动人的魅力。

动人的多彩花朵

这是在秋天时新造的花坛和木围栏。经过半年的栽培，薰衣草、金钱薄荷、葡匐筋骨草的花朵都绽放开来。颜色相近的花朵呈现出和谐统一之美。

庭院带来的春秋之乐
SEASONS

草木葳蕤动人心

树木的叶片日益长大，颜色由浅入深。重重的新绿与融融的春光让整个庭院都变得生机盎然。

芳草漫漫曲径深

生长在日本桤木和蓝冰柏之下的是薄荷和蔓长春花。有的地方还种有马蹄金和千叶兰。

春

落叶飞红满秋色

从发芽到落叶，让人切实地感受到体现季节流逝是落叶树的魅力所在。如果院子里只有落叶树，那么冬季庭院的景色就会变得枯淡无味，所以要种上欧洲云杉等常绿树作为装点。

秋

知秋红叶惜故林

当叶子泛黄时，庭院中便浮现出悲秋之气。入冬后，多肉植物变红的叶片也十分美丽。

春秋两季的庭院植物
PLANTS

春季植物

蝴蝶戏珠花

它的花期要比野茉莉和月季早一些，花团很有质感，是庭院中的亮点。

欧洲荚迷

与蝴蝶戏珠花隔路对栽的植物便是欧洲荚迷，它鲜明的黄绿色花朵很有魅力。

薰衣草

每年都会绽放繁茂的花朵，此花不耐潮湿，可将之栽种在排水性好的向阳处。

委陵菜（*Potentilla hebiichigo*）

此花的果实虽然不能食用，但却红润秀气、十分可爱，也可用它来做地被植物。

薄荷

具有极强的繁殖能力，如若地栽，则最好埋下间隔板。

母菊

宣告春天到来的芳香植物。这种一年生草本植物会靠每年打出来的花籽于次年重获新生。

多肉植物

丰厚茂密的景天最适合做地被植物。

玉簪

可以在半日阴的野茉莉树下栽种玉簪。有斑锦的叶片看上去更加明媚动人。

秋季植物

墨西哥鼠尾草

鲜艳的紫色花朵仿若紫水晶，它是典型的秋季开花的芳香植物。

常绿屈曲花

花色盖过了浓绿叶片的风头。它本是春季开花的植物，但秋季也能开花。

胧月

秋冬之交，多肉植物的红叶最是动人。可将之摆放在日照良好的地方，水要少浇。

栎叶绣球

每年，下垂的花茎都会缀满花朵。此外，它的秋叶也很是美丽。

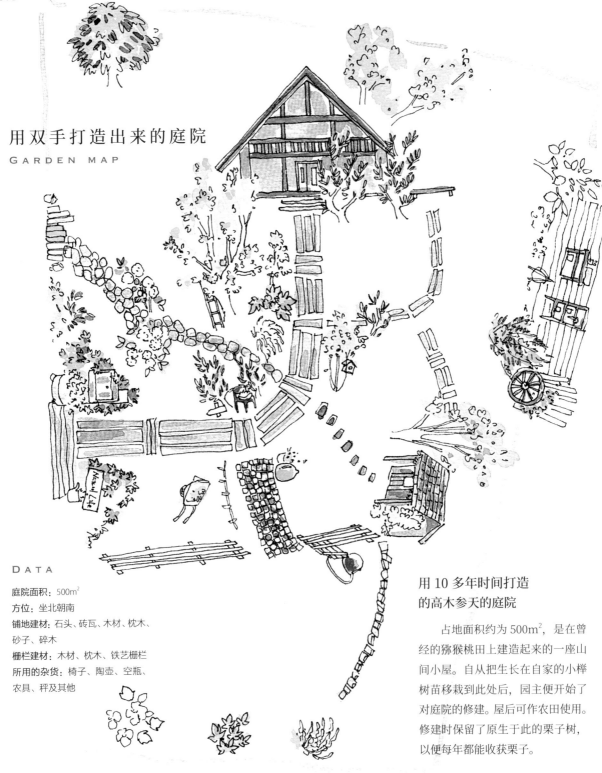

用双手打造出来的庭院
GARDEN MAP

DATA

庭院面积：500m^2
方位：坐北朝南
铺地建材：石头、砖瓦、木材、枕木、
砂子、碎木
栅栏建材：木材、枕木、铁艺栅栏
所用的杂货：椅子、陶壶、空瓶、
农具、秤及其他

用 10 多年时间打造
的高木参天的庭院

占地面积约为 500m^2，是在曾
经的猕猴桃田上建造起来的一座山
间小屋。自从把生长在自家的小榉
树苗移栽到此处后，园主便开始了
对庭院的修建。屋后可作农田使用。
修建时保留了原生于此的栗子树，
以便每年都能收获栗子。

亲手栽种的树木

TREE PLANTING

用参差不齐的树木和地被植物打造的富有平衡感的空间

这是像高原杂树林一样清新有趣的庭院，该庭院以榉树、日本桤木为中心，又栽种了略微低矮的橄榄树、野茉莉、日本四照花，并连同珍珠绣线菊、蝴蝶戏珠花一起打造了一个绿植空间。

日本桤木
这是院子里最高的树，秋天时它会结茶色的果实，可用它的枝条来制作花环。

日本紫茎
有光泽的树干和毛茸茸的柔软叶片甚是美丽，6月时绽放的朵朵白花也很有魅力。

野茉莉
5月的枝头开满白花。俯首绽放的小花会溢散出馨香之气。

珍珠绣线菊
它是玄关附近的醒目亮点。3月下旬的枝头会开满白花。

榉树
它是在新房盖好后最先栽种的树木，与日本桤木一起成了庭院的主树。

橄榄树
庭院里一共栽种了7棵橄榄树。银叶让院子看起来十分明媚。

蓝冰柏
这是叶色美丽的品种。在针叶树中，此树的气味最是芳香。

日本四照花、栎叶绣球
5月时开白花的日本四照花和种在其树下的6月会开花的栎叶绣球。

欧洲云杉
可把作为圣诞树使用的此树栽到地上。它的枝条可用来制作花环。

柠檬树
虽然产量很少，但每年都有收获。园主还栽种了柚子、蓝莓和黑莓。

可以根据不同场地用沙子、石阶、枕木来铺设地面。小岛女士说："最辛苦的工作就是搬运沉重的枕木了。"

打造小路

APPROACH

亲手铺设的小路让庭院姿态万千

庭院里的小路都是小岛女士亲手铺设的。过去，深埋在地下的枕木都腐烂了，在重新铺设时，她把枕木铺在了排水性好的坡地上。

铺在小路上的木屑取材于庭院树被剪碎的枝条。

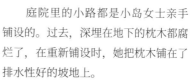

铺好的小路便于园主在庭院中散步，消除院子里的死角。设置拐角会营造出自然柔和的气氛。

HANDMADE GARDEN

亲手造园 02

用出众的品位
打造文艺感十足的
法式庭院

◆—◆—◆

摆放几处喜爱的旧货杂物，
装点一个绿植葱茏、四季花开的傲人庭院。
在洒落着阳光的斑驳树影下悠然品茶的感觉
仿佛置身于法国田园，
到处都洋溢着自然而唯我独尊的气氛。

东京都八王子市 · 菊池家庭院

老式铁艺大门后摆放着一张桌子，
绿叶拱门和繁茂的树木遮住了视
线，打造出一个静谧的私人空间。

可以在露天庭院的餐桌旁享受美
味。菊地先生说："一边工作一
边喝咖啡是一种享受。"

一手打造的
洋溢着法国南部风情的
怀旧风庭院

上图：设置在窗边的架子最适合作为展示台，摆上小巧的盆栽和杂物。

下图：设置在木栅栏上的架子摆放的是整齐划一的珐琅杯，可以在里面种些小型植物。

这是约 8 年前，菊地女士从市中心公寓乔居到郊外的庭院。从在公寓生活时开始，他们就很喜欢在阳台上打造小花园，但这个具有法国南部风情的庭院其实是他们修建的第一座真正的庭院。

菊地女士说："比起打理得一丝不苟的庭院，我更喜欢适当放手、任由植物自然生长的庭院。"因为她是打算亲自修建外部构造和庭院的，所以只向施工队下了铺设通往玄关的石阶的订单。休息日时，菊地女士就去家装城把建材买齐，圈院子的白色木栅栏、停车场的地砖、用枕木做的门柱，这些都是她和先生共同修筑的。庭院高超的完成度简直令人叹为观止。

"我就像突然开了窍一样，很想亲手打造庭院。在这种想法的促使下，我每天都在侍弄花草，购买与庭院风格相配的旧物。"

菊地女士最新的作品是她对先生说"这是我求你做的最后一件事"的小仓库。这个小仓库不仅能收纳园艺用土、肥料、农具等园艺用品，还能让这个庭院看上去更具法国南部风情。

从开工到竣工，庭院的建设一共耗时 8 年。园地前的停车场和划分内庭的大门、篱笆已经彻底被绿意融融的花草掩盖住了。栽种在大门边的两棵橄榄树也生得亭亭如盖，像树篱一样地守卫着庭院，恰到好处地守护着这户人家的秘密。

"那些好不容易养活的新植物有些也被我淘汰了。有时，即便我把植物栽种下去，也有可能遇到种什么都无法扎根的土壤。我的庭院还在修整中。有些植物我已经清除干净了，但几年过后，它们的嫩芽还是会破土而出。"

菊地女士被植物的生命力所折服，觉得它们顽强得简直不可思议，她已经彻底沉浸在了营造庭院的快乐中。

左上图：小屋的墙壁上刷了油漆，每当油漆被风雨侵蚀得斑驳脱落时，他们就会重新刷涂，这样更能提升庭院的魅力。　右上图：彩窗是在出售复古风建材的商店买的。　左下图：通往玄关的小路上铺设着台阶。　右下图：攀爬在门柱上的薜荔。长势旺盛的植物快要把门铃遮住了。

笼罩在拱形门上的大树

拱门左侧栽种的是木香花，右侧栽种的是葡萄。"虽然我们也会摘葡萄吃，但任由它的果实枯萎在藤上也很是有趣。"

爬满白墙的常春藤

"这样做虽然会损伤外墙，但我们喜欢看常春藤、薜荔、何首乌爬满墙头的样子。"最理想的状态就是让绿叶爬满墙壁，蔓延出一片郁郁葱葱的美丽。

长势自然的树木

蔷薇、栎叶绣球等落叶树最能体现季节的变化。但为了让冬季景色更为活泼，也要栽种一些四季常青的橄榄树。可以从常青的树种中选择银叶品种进行栽种，以便活跃气氛。

在小花坛里栽种娇小的开花植物

可以在手工花坛里栽种应季小花。花坛里侧可栽种高株植物，外侧可栽种横向生长或匍匐生长的植物，这样的花坛看上去较为立体。

使用提升气氛的植物

IDEA:PLANTS

具有立体感的大树

在拱门两侧栽种木香花和葡萄可以提升拱门的立体感，栽种橄榄树可以划分出花园和停车场，给院落制造出纵深感来。

凸显纵深感

因为庭院面积窄小，所以栽种的多是叶片纤细、直立生长的花草，纤细的花穗在风中摇曳生姿，楚楚动人，富有魅力。

提升气氛的构思

IDEA:STRUCTURE

铁艺栅栏

把主要构造物定为铁艺品，可在瞬间提升庭院的气氛。

手工木栅栏

设定园地边界的木栅栏也是园主亲手打造的。园主给栅栏涂上了烟绿色。

刷成白色的砖墙

刷涂得斑驳一些更能凸显自然风情，均匀刷涂可以表现出现代风格。

诱发闲情逸致的架子

外墙的架子是小楼竣工时修建的，适合摆放些小物件和小花盆。

贴在小窗下的养花箱

可以在小屋的小窗下镶嵌一只养花箱，在其中栽种时令花草作为装点。

有存在感的大家具

椅子是从家装中心买到的，因为刷涂多遍，所以显得很复古。

提升气氛的要点

把铁艺或铁艺风的杂物点缀在庭院里，就能装扮出气氛沉稳的庭院来。

仓库的设计

把屋顶的建材一块块地切成瓦状，再用灰棕色和茶色涂料为其着色。

铺设具有动感的地砖

在铺设停车场的地砖时，铺出曲线可以让整体看上去更加柔和。

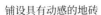

设计出与庭院间的连接

在停车场到大门之间铺设一条生满绿植的路，让庭院中的绿意蔓延至停车场。

门也要与整体相协调

缠绕门柱的薜荔绵延不断，与庭院一样，这里用也是白色木栅栏。

HANDMADE GARDEN

亲手造园 03

小花盛放的庭院，
完成度高得令人瞠目结舌！

›› › ◆ ‹ ‹‹

沿着铺设在庭院中的小路巡视绿意融融的庭院，
盛放的花朵美得动人心魄。
欢迎光临这座能够让人感受到青菜茁壮成长之喜，
并因它们而露出欣慰笑容的硕果累累的庭院。

德岛县德岛市·池添家庭院

这是由缠绕在一起的木香花和千叶兰构成的郁郁葱葱的隧道。钻进隧道就能看到脚边的铁筷子（圣诞玫瑰）或鬼羊藤等喜阴植物。穿过隧道，如伞大尽情舒展开的叶片和绿意盎然的庭院便呈现在了眼前。

庭院是以加拿大唐棣为中心
向四周蔓延的。树下的手推
车里栽种的是多肉植物。

种子分散到庭院各处的飞蓬。"只要
少浇水，它就会多开花，水浇多了只
会刺激叶片徒长。"

这是从庭院看到的地板露台和起居室，可以在窗边设计一个吧台，这样就可以一边观赏庭院，一边品味清茶和咖啡了。

1 在玄关处设置一个老式信箱迎接客人。

2 在小屋里栽种生菜和豆子。栽种之前，
也可以在这里育苗。

3 在露台设置一处可以享受下午茶时光的
吧台。

4 把从庭院里收获的胡萝卜像切花一样地
展示起来。

5 在露台的绿廊里搭一张晴纶板防雨。

6 与木椅颜色协调的鸟笼。

7 依然可以抽水的水井。

8 在小屋的窗边装点些小花盆。三叶草和
小花盆的组合很是经典。

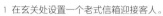

能够欣赏四季花草，感受收获喜悦的戏剧化自建庭院

走过玄关的甬路，穿过铁艺大门，展现在眼前的是开满鲜花的木香花隧道。庭院的中央有一棵挥散着斑驳阳光的、直立生长的加拿大唐棣，树下的野草莓铺满了地面，绽放着可爱的白色小花。

这个庭院大概是三年前修建的。园主在庭院原有的长柄冬青和加拿大唐棣的基础上，把这里变成了绿意盎然、鲜花盛开的庭院。除了连接庭院与房屋的地板露台，大树的栽种，包围庭院中心的小河等，都是池添女士亲手打造的。"我想给平坦的院落造出坡度，所以就去家装中心购买了大量的培养土，并把它与赤玉土搅拌在一起，垫高了庭院的中心部分。我大概用了100袋土吧。"

庭院的装修并不仅限于此。还要埋好铺路用的枕木，用方砖做成的石子路，用多层地砖做的台阶。施工结束后，筋疲力尽的园主甚至睡在了隆冬的庭院中。

现在，在这座被池添女士称为"放任不管的庭院"中，已经长大的花草树木酝酿出了一片绿色乐园的气氛。

"千叶兰和薄荷的长势都过于迅猛，所以我也得对其痛下剪刀。结果，就像被弹回来的球一样，这些植物反而长得更旺盛了，修剪工作也很辛苦。"

另外，这座庭院的特征是，可以收获各种好吃的蔬菜和果实，除了李子、加拿大唐棣、柠檬、蓝莓等树木，在地板露台周边还栽种了草莓、西红柿、红叶莴苣、小红萝卜、甘蓝、芳香植物等。池添女士在做完家务和工作后，会在地板露台的吧台旁小憩，这是她的乐趣。绿植繁茂的果蔬之庭的确是治愈心灵的绝佳去处。

上图：把绽放在庭院中的松虫草种子插在小玻璃瓶中。
下图：这是立在木香花隧道入口处的池添女士亲手制作的导览牌。"ruisseau"是法语"小河"的意思。

上图：从地板露台看到的庭院，木香花缠绕着梯子爬上了头顶的架子。 下图：被池添女士说成"太重了，不便搬运"的五右卫门式泡澡用基台被摆放在了庭院中央，它被千叶兰和飞蓬所覆盖，成了绿植御用的王座。

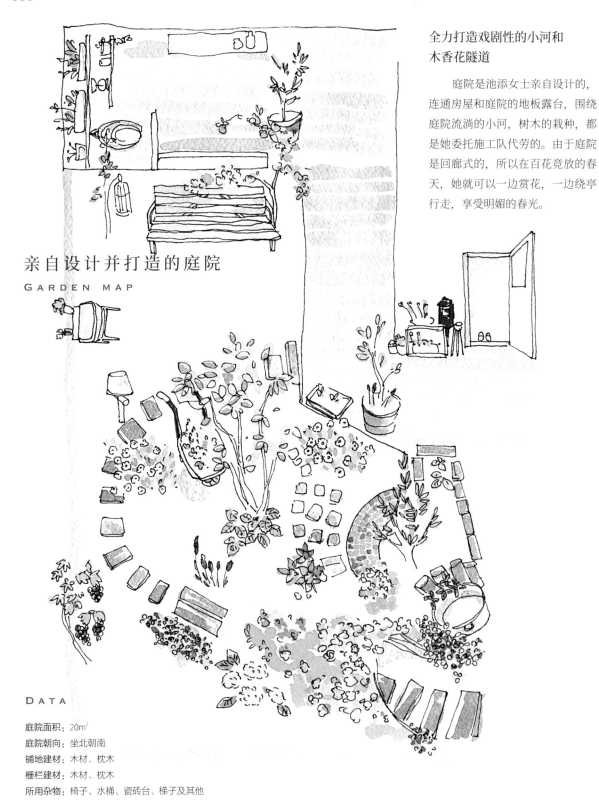

全力打造戏剧性的小河和
木香花隧道

　　庭院是池添女士亲自设计的，连通房屋和庭院的地板露台，围绕庭院流淌的小河，树木的栽种，都是她委托施工队代劳的。由于庭院是回廊式的，所以在百花竞放的春天，她就可以一边赏花，一边绕亭行走，享受明媚的春光。

亲自设计并打造的庭院
GARDEN MAP

DATA

庭院面积：20m²
庭院朝向：坐北朝南
铺地建材：木材、枕木
栅栏建材：木材、枕木
所用杂物：椅子、水桶、瓷砖台、梯子及其他

用枕木铺设的小路

把切断的旧枕木埋在地下，绕亭铺设，便形成了一条小路。生长在路旁的是野草莓、活血丹、常春藤等植物。

用飞石和椅子来增强层次感

作为椅子用的瓷砖台是用五右卫门澡盆改造的，可以在旧物商店里买到。

百密一疏的造园秘籍
GARDEN PLANNING

用小屋或露台制造与室内的整体感

在室内和庭院间可设置一个 L 字形角度柔缓的露台和小屋，这样就能很自然地连接内外了。

用绿色隧道寻找探险的感觉

庭院外的强光渗入了缠绕着木香花的绿色隧道。冬天时，这里的铁筷子便会绽放开来。

用创意杂物和茂盛的植物来增加魅力

把一只旧盆放在水龙头下接水。千叶兰和爬山虎你争我夺地缠绕在周围的枕木上。

制造角度，用树木来增强立体感

在庭院中心处加入大量的土，这样就能制造出坡度来，让平坦的庭院演绎出立体感，这样的空间更加灵动。

栽种芳香植物和野菜

把芳香植物栽种在外墙的地栽角，把青菜栽种在露台和庭院边，以便采摘。左图为罗勒和西红柿，中图是甘蓝，右图是野草莓。

从整体上考虑玄关的设计风格

在连通庭院的路上栽种绿植，用枕木做门柱会更有感觉，因为枕木与修筑庭院的建材相同，所以很协调。

能够抚慰心灵，
逸散着平和之气的
雅致极乐庭院

走上石阶，向前行进，
展现在眼前的是起伏有致、
生动活泼的庭院。
亭亭如盖的大树、惊艳的群芳，
都在温柔地迎接着拜访者的到来。

爱知县新城市·森田家庭院

在园地的最里侧有一条通往巴黎式瓦屋的地砖小路。春天，大朵的芍药花、高大的麻叶绣线菊、遍布于地面开着小花的铜锤玉带草会相继绽放。遍地开满白花的空间构成了一个秘密花园。

种在杂货店门前的是庭院的主树，从萌芽到开花、长出青翠的叶片，再到结出秋天的果实、变成红叶片片飘零……这棵树无时无刻不在让观赏者体会着季节变化的美感。

左图：走下石阶就能看到左侧积石式的建筑。　右图：通往办公室的石砖区是开放式的东方风情的花园。　下图：这是被榉树等大树所包围的翡翠花园。小屋和石砖都生长着青苔，充满了山野风情。

以"和"为主题
富于起伏变化的庭院,
被从树叶间洒下的
阳光所治愈

在春光下舒展枝叶的一年生草本植物蜜蜡花。在花坛里栽种一年生草本植物和宿根植物,可以增加季节变化的美感,让花坛看上去更加华美。

这是位于宁静街道上的一家名为"Alta"的贩售个性日式杂货的店铺。以园艺为本职工作的店主森田俊雄先生年轻时就出于兴趣获取了建筑师的资格证。15年前,多才多艺的他就开始打理起这块被当作资材储存室的土地,做店铺用的庭院也是森田先生自己修建的。时隔多年,他终于把庭院打造成了如今的这副光景。

"从表面上来看,庭院的确是西式风格的。但无论是树木的栽种方式、石头的用法,还是修建的基调,其实都是日式的。修建时,我使用了大量的石材。因为这里曾经是资材存储厂,所以我可以就地取材。"森田先生是这样解释的。

在园地中,除了小木屋之外,还有森田先生设计的欧风小屋和巴黎式东屋。棉毛椆、日本四照花、榉树等大树就像在遮挡这些建筑物一样地开散枝叶,构成了一个绿树成荫的庭院。

庭院的地势富于起伏,用天然岩石铺设的台阶围绕着院落。令人惊讶的是,这里的地面原本是平坦的,主人在造园时用挖土机把挖走的土送去了别处,给庭院制造出了高低差。

"制造高低差可以改变视线位置,让看到的景色发生变化,使庭院风格变得更加活泼,我喜欢从树叶间洒落下来的阳光,所以我就把这里设计成树高房低的样子。"

现在,庭院和店铺依然在修建中。店铺的阳台也在改建中。据说,园主还会在园地里设计一处供顾客使用的卫生间。

"虽然我也托工匠帮忙修建庭院,但总是无法竣工。因为光是修建办公室就用了10年的时间。"

森田先生的庭院装修正在不断地改建升级中。

用大树包围广阔的空间

用野茉莉、水杉、榉树等大树勾勒出宽广庭院的骨架。

建议根据庭院大小来选择树种

从开始建造庭院至今的 10 多年来，森田先生庭院中的树木已经长成了参天大树。如果庭院狭窄，建议选择不太高的树或生长缓慢的树，定期剪枝可以控制树的大小，这一点也很重要。

用常年的辛勤劳作
打造出来的美景
TREES AND SHRUBS

把和风植物养得壮壮的，
提升稳重感

左起植物依次为麻叶绣线菊、荷包牡丹、金钱蒲、台湾吊钟花。即便是小巧玲珑的植物，只要把它养得壮壮的，它在广阔的空间中也会有存在感。

栽种大小不同、
令人过目不忘的植物

不要只种小花，也要种大朵的芍药，这样能凸显整体空间的重点。

有跃动感的小路

给地砖小路设计出弧度，使之看上去更为柔和，把各种形状的天然石块随机地埋入土中。

即便放任不管
也能打造出魅力庭院的秘诀

现在亲自设计庭院、亲手施工的人越来越多了。

只要有些基本的施工技术，再随心所欲地绘制图样、挑选建材、栽种各种植物——这何尝不是一种享受呢？

随着栽种的植物日渐长大，就会收获一个氛围日益良好的庭院，品味充实感和成就感。

您不想尝试打造一个如此迷人的庭院吗？

METHOD- 秘诀 1
了解庭院的构成要素

空间越是有限，就越要表现出纵深感

据说，当树木、高低错落的植物、门或拱门、梯子等众多物品映入眼帘时，人的大脑对空间宽度的认知就会产生错觉。对我们来说，有宽广度、有纵深感、有立体感、有植物生长的具有安稳感和美感的庭院，才是赏心悦目的好庭院。因此，掌握打造这种庭院的构成要素，用这些要素来表现庭院的美感是非常重要的。

1 主树
落叶灌木加拿大唐棣

2 稍矮的树
常绿乔木橄榄树

3 地被植物
树下的草莓

在主树加拿大唐棣的树下有一片茂盛的草莓。宽广度适宜的薰衣草起到了地被植物的效果，又因为它有一定的高度，所以能让人体会到纵深感。

TYPE-A
主树位于庭院中央

做骨架用的主树能制造出立体感和宽广度

如果园地面积狭窄，可以设置角度和拱门等构造物，这样就能制造出宽广度和纵深感来。眼睛也会告诉大脑，"这是个赏心悦目的庭院"。

此外，让植物顺其自然地成长也是非常重要的，这样做能给人一种天然成趣的印象，因此不要频繁地修剪植物。打造"放任不管的花园"的管理秘诀就是无为而治。

④ 稍高些的草本花卉
薰衣草

⑤ 地被植物
草莓

TYPE-B
面积宽广的庭院

① **主树**
落叶乔木榉树

② **稍矮些的树**
常绿乔木橄榄树

③ **主树**
落叶乔木日本四照花

在打造随顺自然风格的庭院时，
要注意植物的平衡，
但也不要太拘泥于此。

如果园地面积广大，则可以在四周种上乔木，让它们看上去像小树林一样。也可以随机栽种乔木，打造散步用的林荫道。树木和下方的花草可以凸显高低错落之感，栽种地被植物更能给人一种回归自然之感。

如果是宽广的庭院，那么只要种上
几棵乔木和灌木，就能制造出纵深
感，且没有压迫感。这是新手也能
掌握的造园法。

4 **主树**
落叶乔木日本桤木

5 **稍矮些的树**
落叶灌木栎叶绣球

6 **稍高些的草本花卉**
薄荷

7 **稍矮些的树**
落叶灌木珍珠绣线菊

8 **地被植物**
蔓长春花

9 **地被植物**
马蹄金

METHOD · 秘诀 2
了解树木的品种

关于能够让人感知季节变化的树木小常识

了解树木的品种和特点有助于选择庭树。庭院中的树木大体可以分为针叶树和阔叶树。此外，还可以按落叶树和常绿树来划分品种。根据定栽（为育苗而临时栽种在苗圃和花盆里，在树苗长大后将之栽种在最终选定的位置上）的品种和环境的不同，有时也需要修剪等作业。

分类 | TYPE-A
针叶树和阔叶树

针叶树

最低程度地抑制水分蒸发、经过物竞天择进化而成的树种

针叶树是指生长着如针般细叶的树木，可分为松树、杉树、冷杉、日本扁柏、罗汉柏、水杉，等等。全世界分布着约 500 种针叶树，针叶树在环境非常恶劣的地方也能生长。

阔叶树

树形多为曲线形或圆形

阔叶树即非针叶树树木的总称。樱树、榉树、枫树、光蜡树、日本四照花、桉树等都是叶片宽阔平整的阔叶树。不过，世上并非只有针叶树和阔叶树两类树种，也有不在此类的树木。

分类 | TYPE-B
落叶树和常绿树

落叶树

多为全年都能让人感知到季节变化的树种

落叶树是指在冬季休眠期掉光所有叶片，春季长出新叶片的树木。因为它们的叶片很薄，所以不善于应对环境变化。在干燥寒冷的恶劣环境中，它们为了抑制能量消耗，就会脱落叶片。日本桤木、日本小叶梣、野茉莉、黄栌等树木在春季不会遮挡树下小草的阳光，其落叶又会变成小草的肥料。

常绿树

树姿全年优美，但树下很难培育花草

光蜡树（半落叶）、全缘冬青、锥树、丹桂等叶片较厚，全年不落叶的树木是常绿树。但有些树种的叶片也有寿命，会在一年至数年内掉落老叶、萌生新叶。此类树木的叶片全年葱郁，适合观赏。常绿树种在庭院时，它们的树下很难培养出花草来。

METHOD- 秘诀 3
了解树木的大小

树木在地表的高度称为树高，指树木的大小

树木有与生俱来的形状和大小，有必要了解它们能够长多高长多快。树木可以分为乔木、小乔木、灌木、小灌木、爬藤类和匍匐类。虽然可以通过修剪、改变环境、盆栽来控制树木的生长，但如能率先掌握其未来的形状变化，就更便于我们培养出美丽的树形了。

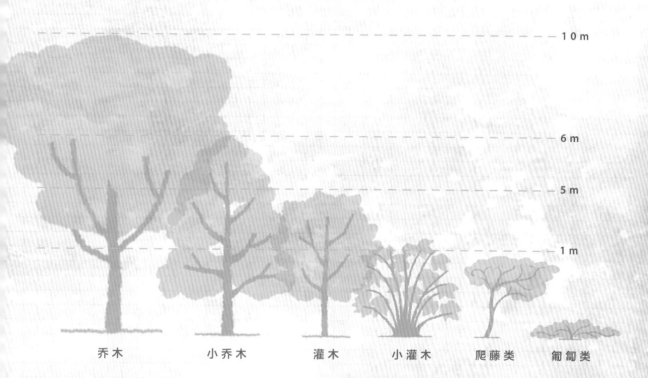

					10 m
					6 m
					5 m
					1 m

乔木　　小乔木　　灌木　　小灌木　　爬藤类　　匍匐类

树木大小 | TYPE-A
乔木

生长速度特别快，适合栽种在宽广的园地里

乔木是指树高超过 10m 的大树。榉树、水杉等树木的高度能超过 30m。因为杂木的形态很自然，所以是珍贵的园艺树种。

树木大小 | TYPE-B
小乔木

适合在小型庭院中做主树的树种

小乔木是指加拿大唐棣、日本桤木、茶梅等树高为 5~10m 的树木。这种树不必打理也能保持美好的树形。

树木大小 | TYPE-C
灌木

**适合栽种在小庭院
来表现季节感**

　　灌木是指树高为 1~6m
的树木，绣球、麻叶绣线菊、
牡丹、杜鹃等花木多为灌木。
因为此类树木大小适宜，可
将之栽种在花盆里，摆放在
阳台上观赏。

树木大小 | TYPE-D
小灌木

**受欢迎的迷迭香、
百里香即为此类植物**

　　树高不足 1m 的树木被
称为小灌木。朱砂根、芳香
植物等均为此类。它们是生
长在树林下和树荫下的草本
植物，多为小型植物。

树木大小 | TYPE-E
爬藤类

**因为此类植物生长过快，
所以必须做好牵引和修剪
工作**

　　葡萄、黄金络石、常春
藤、金银花等都是生长出藤
蔓一样的茎，通过缠绕其他
植物或构造物来支撑自身生
长的爬藤类植物。

树木大小 | TYPE-F
匍匐类

**表现自然风情的
地被植物**

　　趴伏在地面上蔓延生长
的就是匍匐类植物。薜荔、
百里香、千叶兰等植物都不
是直立生长的，而是水平生
长的。

METHOD- 秘诀 4
了 解 树 木 的 形 状

形态自然的树木和人工造型的树木各具美感

　　树木天然拥有的形态、未经人工修剪而自然长成
的形态叫作自然树形。通过辨别树形，人们即便在远
方也能知道树木的品种。与自然树形相对的是人工修
剪的庭院树形，为了控制树木的生长，也可以有目的
地设计树形。

不同的树形 │ **TYPE-A**

自然树形的种类

根据树苗来设想未来树形，以便制订栽种计划

　　树形大多受到树木生长环境的影响，可以说是一方水土一方树。如果能掌握不经修剪而自然成形的树形和树高，就更容易挑选出适合栽种在庭院中的主树和配树了。

卵形树

多数阔叶树都是这种形状，如三角槭、圆齿水青冈、核桃树、小叶青冈。

球形树

树冠略带圆形的树木，如梅树、樟树、红楠。

宽卵形树

河津樱、大山樱、法国梧桐、华东椴均属于此类。

圆柱形树

笔直生长的树木，如杨树、北美鹅掌楸、狭叶广玉兰等。

倒圆锥形树

也称为酒杯形树，如榉树、显脉荚蒾、紫薇、山樱。

圆锥形树

树冠上窄下宽，多为针叶树，如日本冷杉、日本落叶松、日本扁柏、日本花柏。

不规则形树

树冠形状不规则的树木，如合欢、枫树类、日本四照花等。

垂枝形树

树枝下垂的树木，如垂枝樱、垂柳、垂枝梅。

扇形树

树枝向四方扩展，像扇子一样展开的树，如八角金盘。

不同的树形 │ **TYPE-B**

适合庭栽的树形种类

怎样把庭栽树木设计得生动有趣

　　与自然树形相对的是松树类等人工修剪出来的庭栽类树木。人们可以随心所欲地把树木修剪成直线形或其他几何形状。庭栽树木的树形有斜干、曲干、直干、双干等类型。

METHOD- 秘诀 5
怎样分辨树叶

**记住树叶的形状和生长样态
就能区分树木的种类和品种了**

　　观赏树木的另一种方法就是鉴赏它的叶片。树木的形状千差万别，不同树木的叶片各具特点。从叶片的颜色、形状、生长在枝头的样态等方面都可以判断树木的种类和品种。可以根据庭院面积、园地形状和周围环境，再结合叶片的特点来制订栽种计划。

BASIC-1
叶片的种类

**有趣的叶形会让植栽
变得更为丰富**

　　叶片各具特点，独自成形的叶片被称为单叶。从一枚叶片分生出多枚独立叶片的称为复叶。此外还有针叶树的针叶。

单叶和复叶

无叶裂的单叶

有叶裂的单叶

掌状复叶

BASIC-2
叶片的 6 种基本类型

**叶片根据特征和形状
大致可分为 6 种类型**

　　叶片大致有 6 种典型的形状。详细的分类见左侧插画。针叶和鳞叶大多见于针叶树。此外的叶形多见于阔叶树，阔叶树的叶片多有平坦、宽阔、轻薄、柔软、绿意鲜明等特征。

羽状复叶

针叶

鳞叶

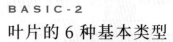

BASIC-3
易于分辨的叶形种类

同一树种也有不同的叶形

因为叶形多变，所以同一树种的叶形也不尽相同。即便是同一棵树，叶形也多种多样。叶形在生长阶段会发生变化，病害或返祖现象都会引发树叶变形。因此，想要判断叶片形状是很困难的。用易于分辨的形状来区分叶片就会容易记住、掌握它们的特征了。

TYPE1 | 圆形叶片

单叶圆形叶片，有圆形、圆心形、心形。代表树木有丁香、紫荆、日本荚蒾。

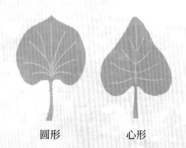

圆形　　　　　心形

TYPE2 | 细长形叶片

单叶细长形叶片，有线形、长椭圆形、披针形、倒披针形。代表树木有细柱柳、香桃木、麻栎等。

线形　　　披针形　　　长椭圆形　　倒披针形

TYPE3 | 椭圆形叶片

单叶椭圆形叶片，有椭圆形、卵形、倒卵形等。代表树木有绣球、榉树、山茱萸等。

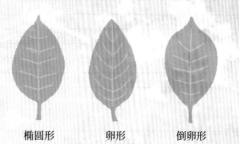

椭圆形　　　　卵形　　　　倒卵形

TYPE4 | 有叶裂的叶片

有叶裂的叶片，有羽状叶裂、羽状浅叶裂、掌状浅叶裂、掌状全叶裂等，叶裂深浅不一、多种多样，如木芙蓉、山葡萄。

掌状浅叶裂　　　羽状浅叶裂　　　掌状全叶裂

TYPE5 | 针叶树的叶片

主要指针叶树叶片的叶形，有针形、鳞形、鳞片形等，如黑松、红桧、日本冷杉、鱼鳞云杉、长白鱼鳞云杉。

针形　　　　　鳞片形

了解叶片的各种生长样态

叶形不同则叶片的生长样态也不同

　　用与枝相对的叶片生长样态作为标准，则阔叶树大致可以划分为 3 类。在节茎上错落生长的叶片为互生叶片，在茎节左右两侧相对生长的叶片为对生叶片，几枚叶片围绕茎的节点生长的为轮生叶片。根据叶片的枚数可分为三轮生、四轮生、五轮生。针叶树叶片的生长方式为束生。另外，根据叶片生长样态的数目可以分为偶数和奇数，如二回、三回。

互生

对生

轮生

束生

三出复叶

二回三出复叶

掌状复叶

偶数羽状复叶

二回偶数羽状复叶

奇数羽状复叶

二回奇数羽状复叶

三回奇数羽状复叶

形态各异的叶缘

叶缘也能改变氛围，既有凹凸不平的叶缘，
也有平整的叶缘

　　叶缘有带锯齿的，也有不带锯齿的。凹凸不平的边缘就叫作锯齿。有锯齿深的叶片，也有锯齿细的叶片。叶缘的锯齿分为多个种类，样态多变，可以增加观赏树木的乐趣。没有锯齿的叶缘称为全缘。

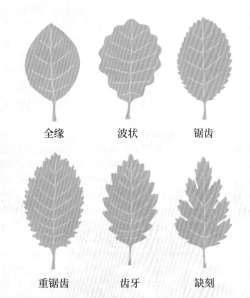

全缘　　　波状　　　锯齿

重锯齿　　　齿牙　　　缺刻

种类决定树木的叶色和花色

在树木呈现出季节感之前，叶花争艳，异彩纷呈

　　树木有各种各样的叶色，叶色的浓淡会改变树木的整体氛围。明快的叶色的确惹人喜爱，淡雅的叶色也能增加庭院的变化。和花色一样，要一边考虑庭院的主题一边选择叶色。有黄叶、铜叶、黄金叶等各种叶色的园艺树种，可以把它们与花朵自由地搭配在一起，调和庭院的色彩，享受园艺的乐趣。

叶色的种类

　　叶色有白斑、粉红斑、黄斑、铜色、黄色、黄金色、青色、红色等分类。可以根据庭院的环境，用变化的叶色来调整整体的和谐度。

花色的种类

　　树种不同，则花色也不同。同类树若品种不同，则花色也不同。花朵有白色、橙色、红色、桃色、黄色、蓝色、紫色等花色。可以通过观赏树木上的花朵来享受季节变化的美感，种植树木也是一种快乐。

开花的种类

　　在院子里，花朵观赏价值高的树木被称为花木。花在花轴上的排列方式和开放次序被称为花序，可分为几种类型。根据花的附着样态来选择主树的情况也比较常见。

○ **枝头上只开一朵花的类型**
有些花一枝只开一朵花，如日本四照花、栀子、木槿、玉兰、西番莲。

○ **圆锥花形的类型**
从花轴上生出枝，花朵会聚集在分枝上，形成较大的花序，如马醉木、细梗溲疏、无梗接骨木。

○ **集合开花的类型**
从花轴某处长出若干等长的花柄，并在枝头开很多花，如麻叶绣线菊、绣球、金银花、日本黄杨。

○ **穗状、房状、尾状开花的类型**
细长的花轴上有很多有柄的花，也有很多没有柄的花，如加拿大唐棣、大叶醉鱼草、紫藤、乌桕。

○ **在针叶树上开花的类型**
枝头上开雌花或雄花，花朵朴素低调，如黑松、雪松、红桧、水杉。

○ **能结果实的类型**
果实的形状、颜色、种类都很有趣，有裂开的果实，也有没有裂开的果实，还有圆形的果实，如野茉莉、白棠子树。

METHOD- 秘诀 9

用树木改变庭院氛围

选择栽树场地，制造园地面积增大的视觉效果

　　在充分考虑日照条件和各种环境的前提下挑选树木，享受造园的乐趣。可以在没有障碍物的庭院中制造一片绿荫，或在庭院入口处加一道拱门，造园的方法可谓多种多样。

在空阔无阻的院子四周栽种乔木，这样就能获得沐浴林下阳光的快乐了。

TYPE-A
在庭院周围
栽种一片树林

TYPE-B

让爬藤植物
缠绕在梯子上,
享受动态美

设置爬架、梯子,用爬藤植物来表现立体感,这样的设计可以使之与周围景致连成一体。

在停车场与庭院的大门之间种上树木,就像设计出了一道自然可爱的树木拱门一样。

设计几道连在一起的拱门,让植物缠绕其上,如果能制造出像隧道一样的距离感,就能提升庭院的纵深感。

TYPE-C

用树木装饰
大门和隧道

METHOD- 秘诀 10
了解装点庭院的方法

DERECTION-1
用树木和植物的
高低差来装点庭院

打造既便于生活，又能满足审美的庭院

直线形的几何式庭院是无法令人放松身心的。在广阔的园地中，掌握好空间和植物的平衡是非常重要的。在狭窄的空间里，要用植物和构造物设计出立体感和纵深感，掌握让其看上去变得更加宽敞的技巧是必要的。

高低差会让人去想象看不见的部分，而思考的时间会让人把庭院想象得很大。因此，庭院就会给人一种宽敞的印象。

DERECTION-2
表现植物的远近感

如果用远近法设计庭院，那么狭窄的空间也会表现出纵深感来。可以在近处种叶片较大的树木，中部种其他风格的树木，远处种叶片较小的树木。

DERECTION-3
树木与花草的上下搭配

有韵味的栽种方式是，在有魅力的杂木下栽种花草，可以用远近法进行设计。如果能表现出纵深感，就能让庭院看上去更加自然。

DERECTION-4
用叶色和叶片的
大小来展现纵深感

像拼凑细工拼布一样把各种叶色搭配在一起，制造出立体感，这样就能感受到植物天然的形态，从而放松心情。

让下方的花草自由生长，彻底遮挡住树干底部，可以在橄榄树下栽种蔓长春花，在加拿大唐棣树下栽种草莓。

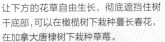

林下花草种植法

让狭窄的庭院显得宽阔的
花草种植法

在宽阔的庭院中搭配树木时，相邻的树木要选择树姿、叶色、大小完全不同的品种搭配在一起，以免过于单调。要让树木看上去自然协调。在狭窄的空间中，要让主树看上去丰满壮硕，让其下方的花草成为景观，倍显自然。

TYPE-A
遮挡包围住树干底部的
植物

左图是树下搭配玉簪的植栽，右图是用绵毛水苏勾勒出的半圆形植栽。

TYPE-B
用草坪和低矮的花草来制造宽广的印象

TYPE-C
用显眼的植物做焦点

想让庭院看上去更加宽阔，可以选用低矮的地被植物，以便制造出清爽的效果。

TYPE-D
添置杂物和小花盆做装饰

用杂物来装点宽广的庭院，能让庭院的气氛变得更有特点，令人印象深刻。悠然生长的欧洲云杉树下放置的杂物提升了整体氛围（左图）。颜色明快的杂货和桌子可以提升庭院的立体感。

METHOD-秘诀 12
在小路或四角栽种树木，制造纵深感

可以在目之所及的远处栽种些叶片小巧纤细的植物，这会让人觉得庭院看上去变大了。在庭院中心栽种草坪既能保持自然风貌，也不必频繁打理，这样就能拥有一个虽然狭窄但却很舒适的空间了。因为是在朝夕可见的庭院中生活，所以庭院的工作量不能过大。

在四角栽种植物

可以贴着墙边有序地栽种植物。风格自然的庭院能让人变得心平气和，这样的地方最适合品茶。

栽种出绿植群落

让一部分薄荷尽情生长，用它们作为下方的装饰花草可以制造出纵深感。下图是薄荷生长最旺盛的时期。

在路旁栽种植物

在路旁栽种有立体感的地被植物会让人误以为漫步于原野之中。

茂密的常春藤在不知不觉间便侵占了家门。图中的叶色虽然不再光鲜，但即使到了秋天，它也还是能让人享受到自然之气。

春

METHOD- 秘诀 13
用绿植覆盖
庭院的栽种技法

打造像置身于大自然中、想让人做深呼吸的空间

在想拥抱大自然的人中，有不少人都有想被绿植包围的愿望，但最好是日照良好、不必费心打理、不必频繁管理的园艺环境。

秋

长势迅猛的爬藤植物的实拍。在照片中，长势旺盛的常春藤几乎覆盖住了墙壁。

METHOD- 秘诀 15
多样的地被植物

地被植物必须给人一种蔓延生长的印象

没过脚背、连接树木的地被植物是构成庭院的一个要素。地被植物的作用就是让庭院常年表现出绿意融融的景象。

METHOD- 秘诀 14
在庭院中打造一个花坛，
感受花草的动态美

用砖瓦和流木划分出来的地栽花坛

在庭院中打造一个花坛，营造出空间的层次感。建议巧妙地搭配栽种的植物，体验只能在花坛中看到的美好。

在地栽庭院里也能通过小空间体验到陶冶情操的快乐。

左起依次为勿忘草、飞蓬、蝇子草。这些植物会开小花，深受女性喜爱。

2

在有限的空间享受
文艺感花园

LIMITED GARDEN

物尽其用
是打造原创花园的秘诀

╼◆╾

虽然没有华艳的鲜花，但如果能与周围的自然相协调，
那么也能打造出美丽的庭院来。
可以在洋溢着个性和原创性的空间里
栽种清爽新鲜的芳香植物和蔬菜，
它们很适合与生长缓慢的植物栽种在一起。

德岛县德岛市·坂东家庭院

玄关前的各种植物。睡莲盆和珐琅盆中用河沙种草，打造出了一个生态系统，鳉鱼和田螺生活其中。带盖的花架是用旧灯油箱改造的。

保留着和式庭院风韵的玄关。
栽种在梅树和水青冈前边的
是牛至、百里香、柠檬香蜂草、
茴香、绵毛水苏、油橄榄。

左上图：路上不种迎宾花，改种迎宾草。可以用彩叶植物或旱金莲把这个角落点缀得华丽感十足。　　右上图：陈旧的梯子上最适合摆放小花盆。　　左下图：地栽的千叶兰和迷迭香正在蓬勃地生长着。　　右下图：刚种下的葡萄，可以让它爬在庭院的一角。

连在一起的三把椅子是坂东先生用
保龄球场备用的沙发椅拼接成的。
带小孔的中空桶形花盆套是用废品
制作而成的，里边的三棵树是葡萄、
桉树、胡椒木。

打造一个庭木与杂草共存，借景造物的艺术空间

坂东先生是制作原创家具的工匠，会用铁皮、废旧材料制作新物品。在自家兼工作室的庭院里，他很享受与植物为伴的生活。穿过玄关，右侧有壮硕的梅树与水青冈，树下茂盛地生长着几种芳香植物，左侧有从三年前开始兴建的菜园。

"比起井井有条的庭院，我更喜欢让植物自然生长，与周围环境融为一体。我把植物栽种下去后，就任其自由生长，等它自然长大。"

因为他喜欢这样的风格，所以院子里即便出现了杂草，他也会任其生长。长得几乎盖住作为花台的椅子的鸡矢藤，在半日阴处开花的鱼腥草缠绕着千叶兰，带有珠芽的野山药，告知春天到来的蒲公英，这些植物都是这个庭院的重要组成部分。

坂东先生是在工作之余打理这些植物的，但有时也会因为沉溺于照顾植物而忘记工作。

"品尝收获到的果实当然很开心，但享受从播种开始的培育过程其实才是让我最开心的事。马上就要开花了吧？期待花开是一件很快乐的事。"

这个庭院的另一个特征就是个性花盆的选择和展示。栽种植物的花盆既有用油漆刷涂的红陶盆，也有用废品组合而成的原创盆以及古旧的饭锅，每一个花盆都独具个性。这些花盆摆放在一起时，便完美地促生出了空间的统一感和整体感。

"接下来我想尝试多栽种些能制成干花的植物，我不光要种美艳的园艺品种花卉，还想把常见的花草融入花园中。"

无声无息地融于自然的庭院在不久的将来会越变越美吧。

上图：自然生长的鱼腥草于五月绽放花朵，适合与带斑锦的活血丹相搭配。
下图：园地旁边就是田野。

打造菜田角
VEGETABLE

左图：除了易于栽培的圣女果，还有青葱、紫苏、香芹等各种药味青菜以及芝麻菜、生菜等各种色泽美丽的蔬菜。　右图："悠然下垂的"镜面球闪耀着亮晶晶的阳光，它是庭院的一个构成要素。　下图：用只剩骨架的椅子做了花台，鸟巢是自制的。虽然园主很期待有凤来仪，但这里依旧是处空巢。

保留日式庭院的风韵

能搬动的石头全部搬走，用尽力气也搬不动的石头就原封不动地保留在原地。

有限的地栽空间

做菜地使用的角落

菜地是于三年前开始耕种的。每年春天，主人都会加入新土耕耘，自家菜地肯定是不洒农药的。

地栽和盆栽的组合
COMBINATION

在树木周围栽种芳香植物

把芳香植物和蔬菜分开栽种。梅树在刚修剪后会有些细弱，但之后就会长得更加繁茂了。

展示大小不一的花盆

因为花盆罩和原创花盆多是用废品制作的，所以每个花盆都各具特色。

结合视线设置高度

为了让来访者看到玄关前的植物，可用架子提升植物的高度。

观赏丰富多彩的盆栽植物
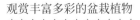

享受与地栽植物的平衡

野山药的藤缠在了花台的腿上，盆栽植物和地栽植物浑然天成般地融为一体。

用造型、造景和可爱的植物
共同演绎的自然之美

PLANTS

纤细的芳香植物在地栽时
也会表现出强健的野性美

　　庭院各处都有芳香植物。把它们种在素朴低调的花盆里，就能减少其甜美的气质。长大的芳香植物也能产生野性美。

母菊

鲜花可以泡茶喝。此花依靠打出去的种子可以年年发芽。

百里香

此花原本繁茂地生长在地面，分株后被栽到了花盆中，黄色的花朵很是可爱。

悬钩子

图为分株后第二年的样态。它结的果实不多，今年的成长过程很值得期待。

绵毛水苏

图为从盆栽中分出来的植株，其中一部分用于地栽，目前正在顺利地繁殖中。

千叶兰

可做地被植物使用。因为这种植物的生命力过于顽强，所以容易侵占其他植物的生长空间。

活血丹

生有斑锦的叶片虽然看上去很纤弱，但却意外地强健。为便于展示，将之分株栽种在花盆中。

鸡矢藤

弹射出去的种子让鸡矢藤在不知不觉间增加了很多。主人没有将之拔除，而是任其自然生长。

迷迭香

可以用来烹饪菜肴、制作芳香水，是用途广泛的珍贵植物。它的生命力很强大，容易栽培。

让质朴和野性美看上去
更加自然的技巧

TECHNIQUE

把生锈的铁皮和旧物与
形态自然的植物搭配在一起

　　坂东先生的造园要点是让植物看起来像从很久以前就一直生长在那里一样。形态自然的植物与生锈的铁皮最是相配。

颜色明快的叶片与
颜色暗淡的叶片相搭配

椅子上的盆栽是香芹，缠在椅子上的莳萝的叶色起到了勾边的作用。

大胆地搭配日式植物

这是用生长在山上的鸡爪槭和生长在田里的水草、苔藓等收集到的常见日式植物创建的绿植角。

加入废弃物

左图：从床垫中拆除的圆形弹簧是为便于苦瓜爬蔓设置的。
右图：制作作品和造园时不可或缺的旧物。

在汽车棚旁
打造的
路边花园

❯❯◆◆❮❮

默默无闻地凑近人们的生活，
温柔地接待来访者的路边植物，
随着季节变换形态，一直努力生长着，
给人们的心灵带来了小确幸和滋润感。

爱知县丰桥市·神谷家庭院

复古的黑砖路让庭院整体看上去充
满了稳重的气氛，路旁种植的薰衣
草和迷迭香都长得郁郁葱葱。

上图：攀爬在铁栅栏上的紫一叶豆在春季时会盛开紫藤花一样的花朵。

下图：沿外墙设计绿植区，在小路上填满沙石，确保路径的线条。

左上图：加拿大唐棣树下种的是蓝羊茅和菊花。　右上图：油橄榄树下种的是常春藤。这给直线式的草坪增添了动态感。　下图：在草坪和飞蓬中增加红叶的木百合，令人印象深刻。

在狭小的空间中
也能观赏绿植的
有品位的路边花园

各色绿植协调地搭配在一起的古典式混栽，可以在玄关处摆上这样一盆花做迎宾花用。

设有曲线装饰的窗户、扶手、有厚重感的木门……这就是散发着简约高雅气氛的神古家。负责修建这个庭院的是"garage"的二村先生。

"因为建筑物都很有品位，所以小路旁和花坛里的植物在栽种时都必须注意与建筑物的风格搭配协调。"

玄关前的路段用稳重的黑砖铺设，可以让玄关显得高端大气。与邻居划分界限的栅栏是为了收拢空间的扩张感，可以选用黑铁材质的。

停车场共设有 4 个车位，平时占用 3 个车位，来客人时会占用备用车位。如果庭院中停车场所占面积较大，那么铺设的路面就会增多，也会给人一种单调而生硬的印象。可以在水泥路面间留出分隔间隙，在其中铺上沙子，栽种草坪，这样就会增色不少。推荐栽种生命力顽强、可以保持低矮株高的景天科植物。

可以选择自然而温柔的加拿大唐棣作为庭院的主树。沿着房子修建的绿化带里栽种的是雪白喜沙木、迷南苏和薰衣草。沙路两旁栽种的是相对而立的油橄榄。木百合和时令花草的混栽能起到给庭院增加亮点的效果。在庭院刚修建好的半年里，油橄榄树还没有长得很高，但已经结了几个硕大的果实了。等油橄榄长大后，就会萌生出欣欣向荣之感了。这棵树不仅能成为庭院里的焦点，还可以给主人带来自然的恩赐。

呈现在路旁的植物和施工要点

EXTERIOR:PLANTS

植 物

油橄榄

适合栽种在庭院里的人气树种。卢卡（Lucca）等品种单株也能轻松地结出果实来。

雪白喜沙木

非常耐旱的常绿灌木。白色的叶片可用来装饰环境，淡紫色的花朵也很美丽。

薰衣草

可以表现自然感和高级感的芳香植物。初夏时绽放的花朵很有观赏价值。

蓝羊茅

叶片纤细青绿的美丽品种，葱茏茂盛的它适合作为庭院中的焦点。

施 工

作为庭院的焦点，
连接处也可以为停车场增色

　　停车场的水泥地面要有能容纳三台车的面积。访客车位可以用水泥和砖路来铺设。砖路和水泥路之间可以栽种草坪，以便增添少许柔和的气氛。

要在作为焦点用的接缝处加入细腻的濑户沙，以防杂草的生长。

装 饰 物

用寻常而基础的物品
来表现整体的和谐

　　装饰物要与优雅的英式房屋相协调。水栓设在了粗犷的砖墙上。水龙头是英国生产的，材质是纯铜。绿化带上放置一个复古式邮箱就能增添庭院的自然感。

可以使用纯铜、黑砖、铁皮等配色稳重、具有厚重感的装饰物。植物的绿意可以让装饰物和构造物天衣无缝地与庭院融为一体。

用一处角落打造的
极致庭院,
提升多肉植物魅力的构思

藏身于栽种在原创花盆中的仙人掌
和多肉植物之间的是迷你牛仔人偶。
时尚热闹的迷你花园里跃动着主人的童真之心。

东京都小金井市 · eden 家庭院

左上图：用朋友送的烧烤架做了花台。　右上图：主人心爱的人偶和仙人掌最是相配。　左下图：西式
展台上摆放着一柱擎天的仙人掌。　右下图：摆放花盆的橱柜是由餐具柜改造而来的。

以铁锈、茶色等古旧的颜色为基调，再配上工具箱的红色和罐子的黄色、蓝色来形成色差。即便用的都是原色的物品，但加上老成的漆涂或带有复古感的锈色设计，都会凸显整体的和谐感。

在没有挡雨檐的窗户下，摆放一些不喜淋雨的仙人掌和心爱的杂物。阳台花园的优点是便于应对风吹雨淋。

以"在庭院中做游戏"为
关键词努力打造出的仙人
掌世界

位于公寓1楼的主人家有个7m²的花园。主人利用院落的一角种上了仙人掌和多肉植物。他喜欢大型室内装饰，展示的都是日常物品。

"庭院的主题是美国西部剧世界。最近，我很喜欢西部风格，所以我想在庭院中表现这种世界观。"

凝神一看，这是个处处皆有看点的展台。悠然地站在仙人掌旁边的是纯正的美国风装饰物和牛仔人偶。以黏土和空罐子为素材，在翻制的盆里栽种仙人掌，这样的操作会让观众觉得十分兴奋、新奇。主人说："不花钱用双手创造出的世界，在灵感降临时，我如果不把它马上做出来就会寝食难安，甚至有时会工作到深夜。"

主人把古旧的生活杂物或家具改造成了展台。给生锈的空罐子贴上原创的标签，为其涂上油漆。

此外，主人还会用百元店里的物品制作原创装饰物。他创意多多，也喜欢动脑筋。他用漏勺做吊盆，用蛋糕模具做平盆，还把烤鱼架挂在墙上作为吊盆。

虽然在百忙之中照顾植物也让他感到很辛苦，但他还是抑制不住把心爱的植物买回家的冲动。他落实构思的想法要比一般人强烈许多。主人用原创花盆来栽种各种仙人掌和多肉植物，制造出了独特而罕见的氛围。

上图：房间中军旅风的展示台是主人的心头爱。
下图：在卧室中给手工箱柜配上观叶植物和仙人掌来增添乐趣。

左图：长条铁盒里是朋友给他做的小屋模型，被自然地摆放在了多肉植物当中。 右图：他用老式磅秤表现出了高低差，较浅的容器中种满了景天科植物。

设计栽种植物的容器

用回收和改造制作原创花盆

主人的风格是，根据植物的特点为之选择不同的花盆。他会给特意使之生锈的空罐子贴标签、刷油漆，还会用烘焙蛋糕的旧模具做花盆，通过发挥自由的想象力来享受种植的快乐。

左上图：手工制成的牛头花盆。 右上图：种植白檀柱的空瓶是用印花大手帕改造而成的。 右图：用旧靴子当作花盆。靴子更能表现西部戏剧的世界观。

把玩展示台

用个性的杂物
来改变植物的形象

摆放方式不同，则植物呈现出的样态也不同，这样也能享受园艺之乐。把厨房的杂物、家具、工具和植物相结合，也能发现植物的新变化。

创意改变生活
DISPLAY

左图：把烤鱼架挂在刷了漆的架子上，再挂上原创花盆。 右图：把原创海报打印出来，加工成标识牌。 下图：用空瓶来制造高低差，摆放同样形状的空罐可以表现出统一性。

多肉植物和带锈斑的铁器组合。

混放花盆装饰庭院，
打造华丽的花坛

◆◆◆

如果有盆栽植物和砖瓦，
那么即便在不能做地栽的阳台也能享受园艺生活。
这种方法简单易学且容易改变氛围，
所以适合园艺新手操作。

教授者：黑田健太郎

图中植物自然得让人想象不到是用盆
栽花拼凑而成的。砖瓦的优点是可以
垒砌出遮住花盆的围墙。

所用植物

PLANTS

A. 山茶"依琳娜"（Elina）

山茶科山茶属·耐寒性常绿灌木 / 小叶常绿品种，枝条呈拱状伸展。春天时，粉红色的小花会节节绽放。打理时要将之栽种在向阳~半日阴的环境中。注意，土壤不要过于潮湿，适合将其与珍珠绣线菊、无毛风箱果、雌树等灌木栽种在一起。

B. 黄金珍珠绣线菊

蔷薇科绣线菊属·耐寒性落叶灌木 / 细小的叶片呈黄金色。春天时，其下垂的细枝上会绽放众多白色小花。打理时要将之摆放在日照良好、通风顺畅的场所。它适合与日本小檗、无毛风箱果等铜叶品种相搭配。

E. 翠雀"薄荷蓝"

毛茛科翠雀属·耐寒性多年生草本植物 / 矮性品种，株高为 30~40cm，花色深蓝。盛夏时，要避免将之置于高温潮湿的环境中，应摆放在通风良好的半日阴处。适合与天蓝尖瓣藤、羽扇豆、蓝盆花等有清凉感的草本花卉栽种在一起。

F. 蓝盆花

忍冬科蓝盆花属·耐寒性多年生草本植物 / 花冠较大，直径为 5~7cm。花朵从根部向上徐徐绽放。盛夏时要避开高温潮湿的环境，应将之摆放在通风良好的半日阴处，适合与草本植物、阔叶麦冬等相搭配，栽种在庭院中。

G. 剪秋罗"粉红更知鸟"

石竹科剪秋罗属·耐寒性多年生草本植物 / 绽放气质纤弱、亮粉色的小花。最适合表现野性自然的氛围，适合与雪朵花、高加索南芥、蝇子草等开放白色小花的植物搭配在一起。

H. 迷南苏

唇形科迷南苏属·半耐寒性常绿灌木 / 植株袖珍，适合盆栽。在温暖的地区它可在户外过冬，应放在能避风霜的窗台下。在寒冷地区要将之放在室内养护，注意保持干燥。它适合与柳穿鱼、石南芸木、小金雀花等植物搭配。

I. 西班牙薰衣草（With Love）

唇形科薰衣草属·耐寒性常绿灌木 / 能够忍受酷暑的生命力顽强的植物。入梅前要对其进行修剪，以便保持通风顺畅。观花植物有粉色和白色等品种，观叶植物有银叶和黄叶品种。

C. 无毛风箱果（Mazeruto Brown）

蔷薇科风箱果属·耐寒性落叶灌木 / 春季时开手鞠球状的白花，稍后会结出橙色的果实。此花长势旺盛，要严防夏季干燥，可两年一翻盆。它适合与日本小檗、无毛风箱果"黄兔尾鼠"等金黄色叶片的植物相搭配。

D. 荚蒾"爱斯基摩"

忍冬科荚蒾属·耐寒性半常绿灌木 / 春天会绽放众多手鞠球状的白色小花，植株小巧，自然长成的树形很是规整，最适合盆栽。它适合与黑果越橘、麻叶绣线菊等树形富于动感的植物相搭配。

J. 勿忘草

紫草科勿忘草属·一年生草本植物 / 花色有蓝、粉红、白。它既适合盆栽，也可以栽种在花坛里。因为此花不耐高温潮湿的环境，所以在日本只能作为一年生草本植物栽培。它适合与屈曲花、高加索南芥、海石竹、红金梅草等白色或粉色的花相搭配。

K. 长叶百里香

唇形科百里香属·耐寒性多年生草本植物 / 匍匐性品种，生命力强健。它在 5 月时会开放淡粉色毛球状的花朵，植株生长得过于茂盛时可以对其进行修剪，每年一翻盆，与飞蓬、马缨丹、矮牵牛等花色浅淡的花朵最相配。

L. 香雪球

十字花科香雪球属·耐寒性多年生草本植物 / 可以越夏生长，耐寒性高。如果徒长过快、植株过大，可对其进行修剪，这样就会立即发出新芽再次开花。它与苏丹凤仙花、秋海棠、小花矮牵牛等叶片为绿色的植物最相配。

M. 草原车轴草

豆科车轴草属·一年生草本植物 /5—6 月时会结生直径为 1cm 的黄色球状花朵，株高 30~40cm，长势旺盛。草茎过长时可以对其修剪，因为结花较多，所以适合与常春藤、干叶兰等观叶植物相搭配。

N. 绒毛卷耳

石竹科卷耳属·耐寒性多年生草本植物 / 纤小的细叶上覆盖着短短的白色绒毛，茎的先端会绽放小小的白花，不耐高温潮湿的环境。盛夏应将其栽种在通风良好的半日阴处，和各色花朵均能搭配在一起，为花坛增加一抹亮色。

O. 羽扇豆

豆科羽扇豆属·一年生草本植物 / 矮性种株高 20~30cm，适合栽种在花坛前方。其花期为 3—5 月，不喜潮湿，适合与银叶或生有斑锦的叶片相搭配，和反色调的黄色花卉相搭配时，会显得层次分明。

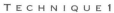

在狭窄的场地打造
看上去更为袖珍的
拼盆花坛

TECHNIQUE 1

高株植物要栽种到里侧,
选择有动感的枝条

山茶花、无毛风箱果等高株植物可作背景栽种到后方,要选择枝条形态有趣、有动感的植物。

TECHNIQUE 2

在狭窄的场地里,
要把浅色花朵种在前边

把粉红色、白色等颜色柔和的花朵栽种在前边,便可以压制住花坛的色调,给人一种整体清爽的印象。而且,这种颜色的花朵很适合栽种在狭窄的空间里。

TECHNIQUE 3

可以挑选多种小花
来丰富花色

在花坛里栽种多种植物时,虽然能增加花色,但也会让花坛看上去杂乱无章。但如果栽种花叶小巧的植物,那么花盆数和花色即使很多,也不会让人觉得杂乱。

TECHNIQUE 4

把红砖摆成直线

如果想打造一个袖珍花坛,就要把砖砌成直线。控制纵深和宽度就可以避免阻碍动线了。

TECHNIQUE 5

为表现自然感,
可以让花草溢出砖围边缘

可以在花坛前面栽种匍匐性植物,这样植物的茎就会长出砖围外,表现出地栽风貌。繁茂的植物会演绎出自然的氛围。

适合在狭小空间打造的清爽玲珑的可爱花坛

所用的植物有灌木、比灌木稍矮的花草、栽种在前排的匍匐性花草。把低矮的灌木作为背景栽种在后排，再按远高近矮的顺序栽种其他植物。把这个花坛的主角粉色剪秋罗或百里香，白花香雪球栽种到中间，用颜色浅淡的小花可以打造出一个温馨而优雅的世界。使用同一种植物也可以改变气氛。也可以变更花草位置，加入新的花草，请放开手脚来改造花坛吧。

BEFORE

① 把稍高的树木摆在后排

首先要把高一些的树木摆在院墙旁，让它作为花坛的背景。

把山茶、无毛风箱果、荚蒾摆在后边，在山茶的前边放上珍珠绣线菊，这样可以在左右设计出两座"大山"。

② 摆放中间植物

在两座山中间放上翠雀，配上蓝盆花。

填上剪秋罗可以把位列左右的植物连在一起，这样整体的造型就会柔缓许多。

③ 在前边和两边摆上植物

在摆设外边和前边时，要先摆放纵向开散的植物，再摆放稍矮些的植物，最后摆放横向生长的植物。

勿忘草、百里香、车轴草等低矮的小花要摆在前排。

④ 把做主角的植物摆在最前排的中间位置

作为主角的百里香和香雪球要摆在中间的前排。

左图是所有的花盆都摆好后的样子。最高的山茶摆在了离中心稍远的位置，这样能够制造出自然的效果。

⑤ 用砖围住花阵，摆一层砖围

在花盆前摆放砖头，围出花坛。为便于造型，应让两砖间保持约3cm的空隙。

这是第一层砖围摆好后的效果。一边摆砖一边微调花盆，以便规范造型。

⑥ 再垒砌两层砖围，加高低矮的植物

在第一层砖围的缝隙中间搭上第二层砖围。遮住中间的花盆，垒砌到第三层砖围为止。

如果植物过于低矮，可以在花盆下垫一块砖来调整花盆的高度。

把狭窄的场地
加宽的方法

TECHNIQUE1

在两旁种上高挺的植物

在左右制造两座小山，以不对称的形式表现宽阔感，制造出枝叶向外流动的感觉。

TECHNIQUE2

制造出色彩浓烈的效果，把青白黄等花色的花朵摆在前面

把紫色的羽扇豆、白色的香雪球、黄色的车轴草摆在前边，以便制造出分明的色彩感来。

TECHNIQUE3

用紫色花朵做主角，
制造收拢感

把紫色的羽扇豆摆在前排的中间做主角，把翠雀摆放得稍靠前一点，以便突出紫色花朵，凸显一种沉稳的气氛和收拢的感觉。

凸显紫色花朵的存在感，表现
气氛沉稳的花草世界，享受
自由变更花坛的乐趣。

用山河曲线来表现宽度

凹凸有致地堆砌砖围可以表现花坛
的宽阔感和跃动感。只要制造出凹凸感，
就能垒砌出更有空间感的花坛，并能够
体现出莳花弄草的用心和一份难得的闲
情雅致。

1 在两边摆放较高的植物

把做背景用的、有一定高度的植物分列左右。为了让右侧的植物更有动感，可以摆放更高些的山茶和英莲"爱斯基摩"。

2 注意把控颜色和平衡

把稍矮的植物摆在前边和旁边。为保持左右山形，要在中心摆放低矮些的剪秋萝。

3 把低矮的花盆垫高，促生自然感

以右侧山为中心，在其前边摆放低矮的植物。如果花盆过低，可以在其下方垫上砖头来调整高度。

4 用砖围起来

在花盆周边围起三层砖，以便遮挡住花盆边缘。

自由地更换花盆，保持最佳状态

因为在摆放植物时有近低远高的原则，所以花坛的形态是不会出现变化的，但我们可以选择心爱的植物来填充花坛。

羽扇豆、香雪球、勿忘草、薰衣草在夏季来临之前就会凋谢。可以换上一年生草本植物，把开谢了的植物取出来，剪去花茎，以便使其好好休养备战明年，也可以观赏它们浓绿的叶片。这种花坛最大的优点就是可以轻易变换氛围，让人从中体验到园艺的乐趣。

黑田健太郎
KENTARO KURODA

琦玉县人，园艺师。在"福罗拉黑田园艺"就职。他风格洗练、充满创意的混栽作品，得到了大家的关注和支持。他上传有混栽作品和店铺日常的博客很有人气，有很多粉丝特地从日本全国各地去拜访他的店铺。著有《小庭院混栽与装饰技巧》《四季混栽与花草图鉴》《人人都能轻松制作的花环Book》《微花园：黑田健太郎的365日多肉混搭》《垂吊花草，这样玩最优雅》等。

3

闪耀着创意之光的
文艺感庭院

DISCERNING GARDEN

造型优美的植栽，
像画一样的别样庭院

以较大的西洋接骨木花为中心，
让各色植物争奇斗艳的庭院。
树木的绿意和依次绽放的宿根植物
会悄悄地告知季节的变化。

爱知县丰桥市·长谷川家庭院

这是长谷川先生最爱的庭
院一角，繁茂葱翠的绿意
羞美至极。

不断地变换出
稳重舒适感的观叶庭院

在庭院中点缀上鸟笼和天使挂件。给紫叶加拿大紫荆加上鸟笼做装饰。此树的叶片本来是紫红色的，因为是嫁接的，所以出现了返祖现象。

长谷川先生住在初夏时节满院流萤的自然环境中。他是位有着30多年园艺经验的专业园艺师。在刚开始做园艺工作时，他主要培育芳香植物。此后，他把热情都投入到了栽种月季和铁线莲上。有时，他甚至同时栽培50棵此类花卉。

"在15年前刚开始修筑新宅时，我把庭院的工程交给了'Alta'的森田先生。因为我喜欢观叶植物，所以我希望在造园时可以用到植株纤细、叶片摇摆的草和临风潇洒的树。"

长谷川先生把培育多年的西洋接骨木作为主树，给以绿色为主的庭院增添了一抹变化。

这里虽然是片葳蕤生辉的庭院，但却会随着季节变化而在各处遍开鲜花。春天会绽放楼斗菜、玉竹、筋骨草、黄芩等花草，还有开着像白色棉絮一样花朵的日本小叶桴，以及爬藤月季、西洋接骨木、黄栌等树木。之后，绣球、玉簪、髭脉桤叶树的花朵就会相继绽放。

"当爬藤月季绽放很多花朵时，我会摘下花朵制成果酱，并用秋季收获的西洋接骨木的红色果实与白糖一起熬制，享受将之做成糖浆的乐趣。"

除了爬藤月季，园主并不给其他植物施肥。可尽管如此，花草树木也长得枝繁叶茂，生机勃勃。可见，作为专业园艺师的长谷川先生在打理植物时是很有一套的。不过，在休息日，长谷川先生经常在庭院里从早忙到晚。

"即便开了花，我也无暇欣赏，因为院子里有一处我管理不过来的地方，我打算把那里改造成女儿的家庭菜园。"

随着生活方式的变化，庭院也会发生变化。将来，庭院也许会变成不光有绿植，还能结满果实的收获之园。

1 在玄关的小路旁种上极其耐阴的玉簪和铁
　筷子。
2 把旧农具和工具作为构造物装扮庭院。
3 庭院西侧是长势旺盛的台湾吊钟花。
4 在路面上留出一处栽种绿植的空间。
5 自然繁殖生长的酢浆草花开遍地。
6 像艺术品一样的生锈耕种机车轮和铁锅。
7 在腌泡菜的缸里种上水生植物。
8 有质感的玉簪和叶片纤细的常绿芒髭薹草。
　此处小鸟摆件浑然天成地点缀着绿植角。

4月下旬，树木青翠美丽的
庭院。植物生机勃勃的样子
令人过目不忘。

把不同形状的叶片组合在一起

在通往玄关的路旁栽种的是铁筷子、西班牙蓝铃花等植物。墙上生长的是爬藤性铁线莲"苹果花"，地被植物是花叶野芝麻。

令人瞠目结舌的
完美栽种法
PLANTING

左上图：在日本小叶梣下方的是厚重的庭院餐桌。　右上图：茂盛的玉簪和生有纵线的强壮一叶兰。　下图：纤细的蕨类植物和生有斑锦的玉簪构成了背阴花园。

表现不同颜色的绿植组合

左图：在铺设的石板之间，用低矮的、色彩丰富的叶片来增加变化。　中图：在背阴处多种些蕨类植物和大吴风草，强调叶色和形状的不同。　右图：稍带黄色的常绿芒髯薹草和生有斑锦的玉簪搭配在一起，绽放粉色花朵的是耧斗菜。

遮住树干，无限蔓延

左图：主树的西洋接骨木树下有玉簪、一叶兰等生有大叶片的植物，长势旺盛。　右图：飞蓬、玉竹、岩白菜覆盖住了树干底部。

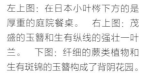

用观叶植物打造的庭院
LEAF OF PLANTS

主要的观叶植物

玉簪

旺盛得几乎能盖住地面。它硕大的叶片很是醒目，夏天时会绽放白色或淡紫色花朵。

玉竹

春季时它会绽放花瓣向下的筒状花朵，看上去惹人怜爱。冬季时，其地上部分会枯萎。

蕨类植物

它是花园中必不可缺的一类植物，便于作为树下的修饰草来栽种。

大吴风草

它又圆又大的叶片很有特点，使用斑锦品种可以让花园看上去更加明丽。

突显观叶植物的树木和方案

黄栌

它开花过后的花柄会下垂如丝，像烟一样缥缈朦胧，铜叶品种可以起到收拢空间的效果。

日本小叶梣

它适合作为主树，其清爽的形象适合与各类地被植物相搭配。

爬藤月季

月季在 5 月开花时，庭院中就会出现年内最盛大的美景。

髭脉桤叶树

将它栽种在连通园地深处的路旁，夏季时会绽放穗状的白色小花。

将旧物改造成杂货来表现个性

把旧农具和工具等只能被当作垃圾丢弃的物品变废为宝，制作杂货。脚踏缝纫机的下半部分和耕种机的车轮可以改造成庭院桌椅。于是，具有厚重感的、世界上独一无二的一套家具便诞生了。自庭院改造时起，这套桌椅就一直被珍惜地在庭院中使用着。

左图：攀爬着干叶兰的墙壁上展示着农具。
中图：根据车轮的质地做了一个板面厚重的坐面。
右图：停车场的墙面。

用房门点缀室外，
打造能让孩子们嬉闹的
草坪庭院

ᛜᛜ◆ᛜᛜ

有厚重感的钢板小路和四季开花的可爱植物。
能够清楚地展现住户生活方式的文艺感花园。

静冈县袋井市・齐藤家庭院

左上图：用欧石南、铁筷子来装饰光蜡树的根部。 右上图：障子边栽种的主要植物有灌木迷迭香、薰衣草等呈喇叭状生长的、有质感的植物。 下图：没有装饰的简约风房子。

主树是原产于澳大利亚的佛塔树属树木。它生有锯齿状的细叶和像刷子一样的车顶花朵。

左上图：与邻居家的边界设置了约 2m 高的栅栏。用在建材商店买的古旧材料将之组建了起来。　右上图：用铁板做的信箱和用橄榄油空瓶做的灯罩都出自"garage"的原创。　下图：庭院和停车场之间设有一道铁艺大门。铁栅栏作为焦点设置得较低。

上图：北侧专用入口的主树是相思树属的树木（*Acacia covenyi*），最初栽种时树高约1.5m，两年后便长到了约3m。和醒目的黑色大门相配的有用黑砖和灰砂铺成的小路。　下图：连接主庭和北庭的是停车场。主树为多花桉。

1 有存在感的青砖立水栓，水龙头为英国生产。青砖的间隙中自然地长出了马蹄金。

2 立在停车场上的4根柱子都标有写着数字的铁板。

3 用别具风格的白铁皮打造的停车场是北侧无绿植区域的亮点，铁皮和方柱料是变废为宝的古旧材料。

4 齐藤先生在"garage"买到的黑法师，用盆栽多肉植物点缀庭院。二村先生说："这说明植物在干燥的环境中也能生存。"

5 给空调的外挂机刷上铁锈涂料，做旧。这两个想"低调做事"的外挂机反而成了此处的亮点。

向阳的草坪庭院和停车场，
欣赏干爽旧物庭院的
别样风情

上图：南侧庭院的水栓，洒水壶下方的
箱子里收放的是浇水用的管子。
下图：栽种在"garage"原创花盆中的蜡
菊被长势旺盛的千叶兰和常春藤所包围。

于三年前竣工的齐藤先生家的庭院是委托他们中意的"garage"施工的。齐藤太太留奈女士说："我从小就特别喜欢种着橄榄树的祖母家的宅院。"

如果造园，她便决心打造有橄榄树的庭院，或者是栽种着枫树的庭院。

宽广的院子被分成了3个部分，它们各有主题，营造出了不同氛围。朝南的区域是绿草如茵的主园区，从大门到玄关之间的小路铺设着有厚重感的铁板路。为了添加亮点，园主加入了铁锈色的金属板，这让喜欢工业风格的户主优明先生也非常满意。面东的停车场主要栽种着多花桉，简约的砂石路上蔓延着地被植物。北侧的专用入口处以高大的相思树属树木为主树，同时零星地点缀着几盆多肉植物，呈现出了一片干爽的世界。停车场处立着喷涂着黑漆的铁皮板，表现出了主人低调的变废为宝的精神。挂在墙壁上的美国产工艺品是优明先生在装修这栋房子之前买到的。

植物的打理和选择都由喜爱花草的留奈女士负责，她说："我很期待栽种的植物会随着季节变化适时开放花朵，用薰衣草、灌木迷南香等紫色花卉来衬托木香花、过江藤等白色花卉，让金合欢、相思树属树木的黄色花卉成为亮点，这样的搭配真是美极了。我在挑选接下来要栽种的植物时，会思考是要表现植物的高度呢，还是要用它来做地被，它适合与什么样的花搭配在一起……"

他们说以后想要一边守望植物的成长，一边享受有庭院的生活。

种植时要考虑植物长大后的高度、宽度和花色等

无关庭院面积大小，挑选植物的方法基本都是相同的。首先选定主树，其次选择一边的灌木，最后选择接续灌木与地面之间的多年生草本植物、宿根植物、地被植物。南侧庭院以佛塔树属树木为主，用相思树属树木等植物来提升质感。草坪面积增大就会形成甜美的氛围，可以用直线条的朱蕉来进行收拢。

巧用不必费力打理就能表现出质感的植物

可以在路旁栽种相思树属树木或灌木迷南香来表现草木繁茂的样子，这两种植物的生命力都十分顽强。

多用些叶色明亮的植物

灌木迷南香、薰衣草等叶片为白色的植物，可以营造出清凉的气氛。灌木迷南香生命力顽强，容易表现出蓬松的质感，适合新手栽种。

根据草坪选择地被植物

葱茏地覆盖住草坪的地被植物可以凸显动感，要用自然的方式让庭院的样貌变得生动起来。

大门和玄关周边院落的设计技巧
TECHNIQUE

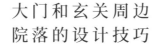

可以用个性的植物作为庭院的焦点

原产于澳大利亚的充满个性的中低灌木很适合做园子里的亮点。如果用它们来做主树，就会制造出有个性的空间来。

注意素材和条纹

用生锈的铁板作为小路的焦点。停车场墙上贴着的旧标识牌成了亮点。

杂物可以为庭院增添趣味性

设置在南侧庭院的水栓是美国产水栓的仿造品，原创信箱两边的门柱是用做旧的枕木制成的。

DISCERNING GARDEN

创意花园 03

用逐渐壮大的
多肉植物队伍，
打造赏心悦目的庭院

→◆←

成排地摆在女仆乐队架子上的多肉植物生机勃勃。
沐浴着充足阳光的
植物们看上去是那样的活力十足，
它们用个性而可爱的株姿迷住了多肉粉们。

东京八王子市·二阶堂家庭院

主人手工打造的架子上整齐地排放着多肉植物，多肉植物花盆多是用空桶和马口铁制作的，这样可以表现出统一感。

DISCERNING
GARDEN
03

空间狭小也没关系！
栽种强健可爱
又个性十足的多肉植物

二阶堂先生是从 10 年前父亲给了他一盆黑法师开始喜欢上多肉植物的。他在庭院中设置了多肉植物专用的架子，培育着各种多肉植物。

他非常热爱多肉植物，说："虽然我也养过观花植物和芳香植物，但现在养的基本都是多肉植物。只要把它们的茎叶放在土里，马上就会生根长大。开放可爱的花朵也是它们的魅力之处。"

植物被摆放在玄关的架子上或主人打造的木栅栏旁边。庭院里撒上了砂石，这样可以防止杂草生长。"砂石都是我一个人铺设的，我专注于造园，是在大雨中铺设的砂石。现在，我想把它们染成自然的茶色。"

虽然主人每天的生活都十分忙碌，但还是会抽空打理庭院的。

庭院里的木工活都是主人亲手完成的。
展示植物的木栅栏与房子的外壁相协
调，刷着蓝色的油漆。

见证生长的乐趣　多肉植物
SUCCULENTS

养了约 10 年的老植物

胧月
它青白色的叶片有着一丝清凉感，会随着植株生长长出茎直立的分株，用叶插法就能繁育新株。

姬秋丽
它是小叶的可爱品种。代替花盆的生锈红茶罐讲述着岁月的流逝。

姬胧月
它是健壮易活的品种，呈棒状生长的茎让它显得很有野性，很像是大自然制造出来的装饰物。

魅惑之宵
它的直径约为 30cm，给人强烈的视觉冲击。为了与背景协调，给它配了一只蓝色的水桶作为花盆。

浇水不要过量，冬季需在室内养护

　　图为二阶堂先生家叶片紧密有序、叶色美丽的多肉植物。据说，这类植物不需要特殊管理但因为东京的气温较低，结霜较多，所以冬季养护时应注意摆放位置。以黑法师为代表的叶片丰厚的多肉植物，要摆在室内明亮的窗台上。景天则可以在室外过冬。冬季时，此类植物的地表部分都会枯萎，但来年春天还会复活。

少女心
它略带微红色的叶尖很是可爱，茎会长得很长。

黑法师
它细长直立的茎和细长的叶片很是美丽，是庭院中的焦点。

植物越长越多，令人充满期待

黑法师

石莲花

淡雪

排成一列的花盆表现出了统一感，花盆和杂物多是在家居中心或杂货店集市上购买的。

把多肉植物养得大大的，就能引人注目了

　　这是以玄关为中心，排成一排的多肉植物。长得又大又美的多肉植物会引得路人驻足观赏。它们是在托盘中填土，用插叶法或插芽法培育大的。多肉植物长大后就会被摆放到架子上。因为能摆在朋友的店里出售，所以园主就更加热衷于培育花苗了。

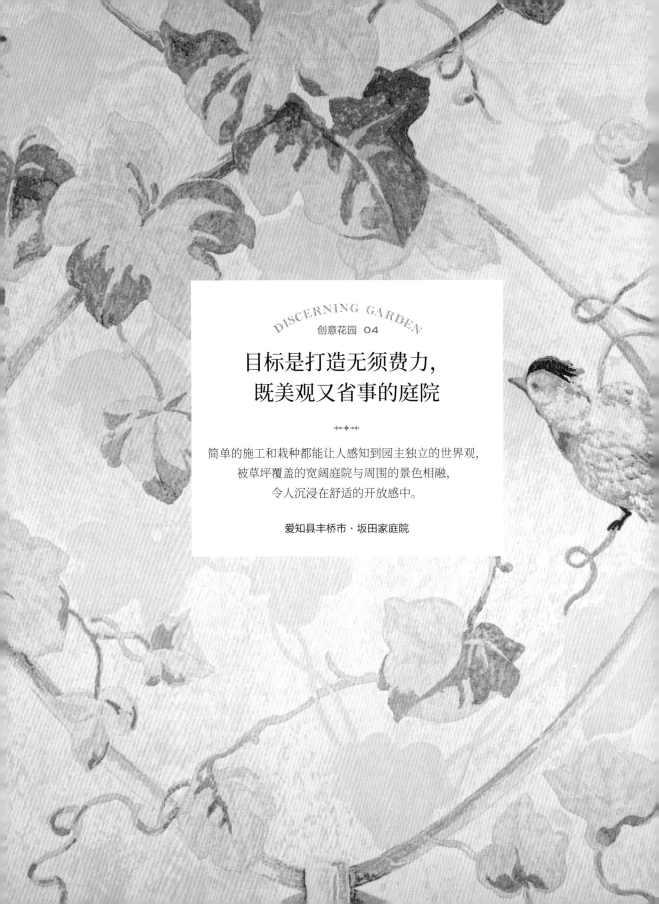

目标是打造无须费力，
既美观又省事的庭院

>|+◆|+<<

简单的施工和栽种都能让人感知到园主独立的世界观，
被草坪覆盖的宽阔庭院与周围的景色相融，
令人沉浸在舒适的开放感中。

爱知县丰桥市·坂田家庭院

以生长在湖畔的树林为背景，让人感受到纵深感。小屋前的树是光蜡树。中间靠前处的是加拿大唐棣，其树下是朱蕉。

在简约中闪耀着
个性之光的宽广空间,
朴素而粗犷的庭院

借景湖畔的树木、选址极佳的宽广庭院被草坪所覆盖。坂田先生家的庭院是委托位于丰桥市内的 "garage" 施工修建的, 并于一年内竣工。

沿着黑砖铺设的小路向前走, 最先映入眼帘的是深棕色木制小屋。这间收放家人用自行车的小屋是庭院里地标般的存在。庭院与邻居家之间设置的墙板被刷涂上了古色古香的涂料, 它仿佛能让人联想起荡漾着朴素氛围的美国乡村。

庭院以栽种在小屋旁边的硕大光蜡树为主树, 与之相配的还有加拿大唐棣、橄榄树。此处还有欧石南属植物、朱蕉等富有个性的植物。于是, 不带甜美气氛的粗犷植物世界便展示在了人们的眼前。

左下图: 存在感十足的小屋不仅是个收纳仓库, 为了把它变成庭院中的一景, 主人便将之建在了这里。 右下图: 植物从左起依次为木百合, 开黄绿色花朵的欧石南属植物 (*Erica sessiliflora*)、靠前一点的芙蓉菊。

最少的种植和最大的创意
PLANTING IDEA

无须打理的植物们

芙蓉菊

它美丽的银叶是庭院中的亮点，冬天会绽放黄色小花。

薰衣草

它是最有人气的芳香植物。喜日照和干爽的环境，不喜潮湿。

橄榄树

可将它栽种在通往玄关的小路旁。如果想收获果实，需要栽种两种以上的橄榄树。

光蜡树

它的叶片小巧、形象纤细，是有人气的常绿树种。它是庭院中的主树。

制造气氛的施工技巧

根据造园材料的风格，搭建庭院的世界观

在搭建庭院独立的世界观时，让造园材料和树木的风格保持一致是很重要的。如果素材和色调协调，那么造园材料即便很少，也会形成空间的整体感。再加上植物，人工素材和庭院就会自然地融为一体。

用古色古香的木材修建的栅栏

用涂色的木材做栅栏。因为颜色稍有不同，所以生成了复古气氛。

用黑砖铺设的雅致小路

黑砖小路可以通过缩小路宽来制造出低调的氛围。曲线是用切割得细窄的砖头围出来的。

用木箱做的架子

这是用来收纳大丽花球根的复古箱子。因为箱子的深度较浅为20cm，所以适合做壁挂。

用木牌表现复古气氛

木牌的加入是小屋的一个亮点。简约的电灯是用计时器控制的。

运柴火的推车是庭院中的展示角

红色的推车是给烧柴的炉子运柴火的工具。被留下的使用痕迹与庭院的氛围十分相配。

GARDEN AND CANDLE

庭院与蜡烛

依旧迷人的英国风乡村小屋

❖❖❖

就像刻在蜡烛上的纤细小花一样，这既是个开满应
季花朵的古典而优雅的庭院，也是个吹着凉风的芳
香植物庭院。在蜡烛艺术家有泷聪美的家里，有一
个既能赏花又能收获果实的两用庭院。

鲜花蜡烛艺术家 · 有泷聪美

麻叶绣线菊和木香花的美丽花朵让人真想发出高声的欢呼。此后，月季"龙萨"和铁线莲会依次绽放。

GARDEN
AND CANDLE

狭窄的庭院也可以改造成散发着异国风情的美妙花园

有泷聪美
SATOMI ARITAKI

2000 年，她家的装修在杂志主办的"第一届 +1Living 实例大赛"中获得了大奖。在杂志上刊载的手工蜡烛引起了人们的关注，她也由此开始了创作之路。从 2000 年开始，她主办了日本《时尚》（VOGUE）杂志社的"服饰设计"手工大赛。她在众多的女性杂志、装修杂志、手工艺杂志上刊载的细腻而美丽的蜡烛，获得了多数设计师和女性读者的喜爱。出售她制作的蜡烛的商店有海伦德日本直营总代理店的俱乐部海伦德日本本店、"我的房间"各店、轻井泽湖边花园内的"玛丽玫瑰（Mary Rose）"。著作有《第一根鲜花蜡烛：装饰、照明、馈赠》（讲谈社）。

人气蜡烛艺术家有泷聪美过着忙碌的生活。在她的生活中总有美丽的花朵相伴。她的园艺空间分为两个部分：通往玄关的长路两边的绿化带，玄关旁宽约 3m 的地栽。大概在 3 年前，她和先生一起在整理出的路边种下了很多芳香植物，花茎在清爽的风中摇曳生姿。与具有开放感的小路形成对比的是玄关旁的植栽。植物的藤蔓覆盖住了房子和椅子，绿意融融，令人心动。园艺空间虽然不大，但生长旺盛的植物看上去欣欣向荣，制造出了具有纵深感的效果。复古的天窗、外墙，椅子上缠绕着薜荔、常春藤，植物和房屋天衣无缝地融合成了一体。

在过来取材的 5 月初时，木香花和麻叶绣线菊的花朵开得正艳。此后紫色的"卡西斯"和淡绿色的"白万重"等铁线莲就会成为花园里的主角。

"除木香花和麻叶绣线菊以外的时令花卉会以盆栽的形式管理。我会选一个最佳位置，把依次进入花期的花朵摆放其上，用这种方式来观赏花朵。这种方法可以按季节观赏花卉，适合小庭院赏花。"

因为拍摄时花园以白花为主，所以可以把作为亮点的深色矮牵牛和盆栽黄色菊花加入进来，加入深色的花朵可以起到收拢空间的效果，表现出华美的氛围。

"从现在直到夏季，最值得期待的就是收获果实了。橄榄树的果实可以采摘下来装满整个篮子，路边的草莓也会结出果实来。"

据说，他们每年夏末都会用草莓做成布丁，和朋友们一起尝鲜消暑。

上图：房子虽然是 10 年前修建的，但因为植物苍翠葱郁、欣欣向荣，所以制造出了房子似乎已经建成几十年的氛围。　左下图：进入观赏最佳期的麻叶绣线菊，颀长的枝条随风摆动的样子很是迷人。　右下图：把从二手市场买回来的婴儿车缀满时令鲜花。

让爬藤植物攀爬而上，便可以表现出自然的氛围。在不能栽种大树的狭窄空间里，这样的设计是很重要的。如果不想弄伤外墙，可以用梯子作为爬藤架。

通往玄关的阶梯绿意盎然，已故世3年的桉树洒下了一片美丽斑驳的光影。

不必整理得过于干净，利用植物的造型也可以表现出自然的氛围。铁栅栏和桌子等很好地融入了绿植中。

把花朵之美
封印在蜡烛中

ORIGINAL CANDLE

图为有泷女士以植物为主题制作的手工蜡烛。浮雕蜡烛被装饰上了玫瑰花，点燃后会呈现出奢侈的美感。致密地封闭住干花的蜡烛有着花朵本身的华艳魅力。

根据目的，在各区域栽种不同的植物

PLANTING

光照好、通风佳的小路。可以在芳香植物中栽种勿忘我、白玉草"呐淇白"等时令花草进行观赏。

调和出最适合芳香植物生长的环境，打造法国南部风景

有泷女士的宅院位于道路深处。3 年前，心生一念的她铺设了一段长路，在铺上防草垫后又铺上了枕木，把路两边设为园艺区。在种下芳香植物后，她又在植株间塞满了色泽明亮的沙子。通风好、排水性佳的此地成为最适合芳香植物生长的环境。

栽种的薰衣草类植物

西班牙薰衣草

让人联想到兔子耳朵，生有带苞的花穗是此花的特征。它比其他同类更耐高温，可以越夏生长，耐寒性较差。它非常耐旱，不喜闷热，应在入梅前收获或进行修剪。

杂交薰衣草

它气味宜人、花朵美丽，是繁殖能力旺盛的品种。其株高约 80cm，宽约 1m，是大株植物，可作为提炼精油的原料。

齿叶薰衣草

它四季开花，叶缘有细小的裂齿，香气稍弱，注意水肥不要施加过量。

其他芳香植物

草莓

成熟的果实既有香气，味道也很可口。叶子可做香草茶。虽然它生命力顽强，但也不要被盛夏的阳光直射，要防止干燥。

薄荷

薄荷有很多品种，气味不同，用途多样，生长速度较快。地栽时，要让其在地面爬生。

欧芹

它全年均可收获，与卷叶品种不同，可食用。它生长旺盛，能生长成漂亮的大株植物。

百里香

这是生有金黄色斑锦的品种，此花蔓延生长，适合作为地被植物。

迷迭香

它生命力顽强，叶片有浓烈的芳香，地栽会长得很好，在低洼处会长得很繁茂。

房屋旁营造气氛的树木

木香花

它无刺健壮，易于养护，多为黄花品种。图为白花品种，白花有香气。

麻叶绣线菊

它弓状伸展的枝条上会盛开手鞠球一样的花团，春季花期时很是美丽。

桉树

这是已经生长了8年的桉树。它和橄榄树一样，都是庭院中的主树。

用银叶和白花保持清爽的印象

通往玄关的台阶旁种有桉树和橄榄树，玄关旁的种植区有白花木香花，房屋旁的植物长得很大，但因为配色轻快，所以给人一种清爽的感觉。

薜荔

它作为爬藤植物，已经盖住了屋子，营造出了沉稳的气氛。

橄榄树

院子里的主树。数年来，在主人的照料下它结生了许多果实，获得了满满的丰收。

点式栽花提升庭院色彩

香叶天竺葵

它有着和玫瑰花一样浓烈的香气，并含有除虫成分，喜欢稍微干燥些的环境。

车轴草"紫色"

雅致的叶色是它的特点。它与补色的黄花相配时，令人印象深刻，推荐混栽。

勿忘草

于秋天撒种，次年春天开花的勿忘草，被栽种在以芳香植物为主的小路旁。

矮牵牛

它是一年生草本植物。花期从春到秋，花色丰富多彩，生命力顽强，喜光照。深色花朵有收拢空间的效果，可以用此类花朵来表现个性。

让四季花草形成色差，把地栽空间变得更加华丽

地栽区域的树上开的都是以白色为主的浅色调花朵。可以加上盆栽花草来展现季节感。可以用黄色和紫色的花朵相搭配，或用能够成为亮点的深色花朵来打造醒目的区域。

随顺天然是造园的终极追求

根据造园设计空间，
根据日照条件来挑选植物，
就能实现轻松管理，
创造出一个安逸的庭院。
一起来打造一个随顺自然的如画庭院吧！

把枕木和方砖像巡视园地一样地铺成小路。

METHOD- 秘诀 1

把握现状，打造庭院

关于园地
做好细致入微的观察，
把握庭院的实际条件

在造园之前务必首先了解园地的现实情况，要确认园地与邻居的边界，有无遮挡物，既有物和树木的位置，自来水管道的铺设，丈量位置。

关于日照等
环境问题最应关注的是
太阳在各季节和不同时段的变化

要注意花园的位置、降雨、日照条件如何。特别是受季节和时段影响较大的日照条件，必须要了解它的变化。

METHOD- 秘诀 2

考虑造园的目的

关于功能
尽可能地提升庭院的所需功能

是想打造一个供孩子嬉戏的草坪庭院，还是想打造家庭菜园；是想储物、保护隐私，还是想给人开阔明快的印象……要列举出具体想给庭院添置的功能。

关于动线
确认必要的功能
在庭院中的区域规划

结合生活需要，要在列举出必要的功能后再设计动线，应考虑是否需要信箱或对讲机、水栓、收纳角，如果有必要，应将之设于何处，怎样设计连通各机能的园路。

关于风格
现代风格、古典风格、
日式风格……明确理想的风格

事先明确庭院的装修风格，就能依此来挑选构造物。是古典式的还是日式的东方风格，或者是杂木花园，可以参考杂志图片、店铺的装修来确定自己理想的风格。

上图：以锈铁为焦点的小路和信箱。
下图：在自然而传统的庭院中，水栓也是传统样式的。

METHOD- 秘诀 3
决定构造物

何为选取构造物？
详细设想庭院所必需的构造物

在考虑庭院的目的时，要根据必要的动线和必要的功能来明确栅栏、水栓、自来水、门栏、收纳箱等构造物，以及花坛、农田等的分布。

关于使用材料
确定庭院的风格，选定构造物素材

根据理想的庭院风格来决定构造物的材料，即便只是遮蔽用的屏风也有木栅栏、砖墙、树林等。要在考虑耐久性、成本的情况下选取合适的材料。

大门前是木香花攀爬而成的隧道。

确定布局

构造物的设置场地
活用构造物的功能，
为便于活动确定布局

　　先确定构造物的位置，再确定庭院整体的布局。合理应用大门、小路、露台、器物、水栓等构造物的功能之于设计动线布局是很重要的。

做骨架的植物位置
为使植物与建筑物协调，
要确定主树

　　决定了建筑物的布局后，就能确定做骨架用的主树的位置了，之后再确定其周边植物。

确定植物

确定骨架植物
与构造物功能相同的主要植物

　　植物的主要功能就是保护隐私，生成绿荫。所以要选定一棵与建筑物风格一致的主树，确定使用常绿树还是落叶树。

凭借高低差和体型大小来选择植物
根据主树的大小来选择中低树

　　要在考虑主树会长多大的基础上，选择周边的中低树和灌木。这些树与主树形成的高低差会形成自然的气氛。

选择地被植物
为表现自然风韵的
多年生草本植物和宿根植物

地被植物是能够覆盖地面和墙壁构造物之间的部分，表现自然韵致的植物。多年生草本植物、宿根植物、球根植物都是此类植物。

葱茏茂盛的地被植物。

考虑性质
根据栽种场地来挑选植物很重要

庭院中有阳面和阴面，在有树荫的地方要选择耐阴性强的植物。要根据场地环境来挑选植物。

选择花色和叶色
确定基色和色差，在整体上做协调

无序地栽种心爱的植物，会把庭院弄乱。如能事先确定庭院的主题色，再挑选植物就容易多了。要考虑庭院的整体感。

上图：古风大门的一部分和墙壁上的薜荔融为一体。
下图：为区分庭院与停车场的铁艺门。

METHOD- 秘诀 6

准备材料

关于资材
用喜爱的植物提升庭院气氛

　　砖瓦、木材等资材既可以在家居中心购买，也可以网购邮寄。材料的风格虽然很重要，但也要考虑预算和持久性。

关于杂物
根据庭院的风格
体验挑选杂物的乐趣

　　如果想打造古风庭院，可以使用古朴的铁艺大门。如果想打造自然风庭院，可以把木制品放在庭院中。用心爱的杂物营造气氛也是一种快乐。

METHOD- 秘诀 7

施工

关于构造基础
只有 DIY 高手才能打造构造物
最为关键的基础部分吗？

　　像地板露台那样的构造物，其基础层的搭建是很重要的，所以一般都要交给专业人士去处理。新手如果想挑战，建议从做工粗糙一些也没关系的铺设小路做起。

其他的施工和设施
挑战铺设小路或修建花坛

　　可以用方砖或枕木来铺设小路。用砂浆和砖瓦来造花坛。可以挑战的活动有很多，自己动手会更加热爱庭院。

METHOD- 秘诀 8

管理绿植

根据绿植和环境来管理庭院
不必在意少量的落叶，
学会享受顺其自然的氛围

　　因为树种不同，所以有些树在定栽后是需要做定期修剪的。一般的管理作业为清除杂草、清扫落叶。但不频繁的清扫可以制造随顺自然的气氛。来享受不整理庭院的自然气氛吧。

4

THE
CATEGORY
OF THE
FOURTH GARDEN

与室内装修合为一体的
文艺感花园

GARDEN AND INTERIOR

润泽生活的风，
感受植物的呼吸，
回廊式中庭

即便在家里也想感受绿意盎然，
为实现这种理想而打造的中庭，
布满植物的区域是无人打扰的私密绿色乐园。

德岛县阿南市·原家庭院

在唯一一处外墙下，摆放了用从海里捡回来的浪木搭的架子。入秋时，爬在外墙上的花叶地锦就会结出亮丽的果实。原先生说："我每年都会把结了果的枝条剪下来装饰房间。"

由泽八绣球、蕨类植物、迷迭香、阔叶山麦冬等较为耐阴的高桩植物构成的一片绿意。插在旧玻璃瓶中作为装饰的是中庭的迷迭香。

房屋在建成一年后，主人铺设了中庭里的过道。"虽然雨后小路会被淋湿，不便通行，它的存在提升了这里的层次感，让这里也变好了。"

从小巧的日式庭院
变成用美丽叶片装点的
舒适绿植庭院

原先生的宅院是以中庭为中心的回廊式建筑布局。打造中庭是为了不必特地出门，在家中的庭院里就能随时看到绿色。但是，竣工时的庭院是个纯日式庭院，是只栽有大吴风草、玉簪、蕨类植物的简约空间。而且，这原本应该是个很理想的中庭，但实际上来到庭院里给植物浇水时，因为排水设施较差，所以脚边很快就会变成一片泥潭。由于实在是太煞风景了，所以主人也试着播撒过车轴草的种子，但这样做并不能让中庭的整体氛围变好。

"一年之后，我试着自制了一条路。我埋下了枕木，又在路边栽种了更多的植物。"

因为此处不适合栽种鲜艳的花草，所以主人就栽种了观叶植物。主树有椰子树和叶片尖锐的丝兰，它们被一起栽种在了庭院的正中心。主人说，如果把它们都栽到地上，它们就会大得无法收拢，所以最终还是把它们都种到了盆里。

图为改变中庭风貌的第 7 年，道路的周围已经遍布了绿植。

"我是根据心头所爱来种植植物的，但遗憾的是，很多植物都死了。如今就剩下这些植物了。"

主要植物有叶片生有美丽斑锦的绣球，绽放小花的泽八绣球，具有野性魅力的龙舌兰和芦荟。常春藤和千叶兰盖住了土地，和早先栽种的植物融为一个整体。庭院的日式风格已然消失得无影无踪，变成了一个充满美式古典风与家具相匹配的中庭。

上图：可能是某种个性的琉璃晃。可以将盆穿入麻绳，吊在窗边。
下图：用 250 日元购买的胧月。主人很喜欢花茎弯弯曲曲的野生造型。生命力顽强是此花的特征。

左上图：有曲线的小路会让整体表出现柔和的气氛，铺撒的砂石就留在了原地。　右上图：每年都旺盛生长的花叶地锦。　左下图和右下图：虽然是背阴环境，但阔叶山麦冬、绣球、朱蕉等植物上的斑锦倒是让叶片看上去明亮很多。

家具和后庭

BACK YARD

因为室内也有植物，所以室内外融为一体，给人一种开放的感觉。后院是病弱植物疗养院。最近，中庭和室内新增了很多植物，所以主人就把休养中的植物放在了后院。

限定植物的高度

必须根据植物长大后的高度进行布局

因为中庭是由四周的玻璃拉门围绕起来的，所以如果栽种过高的植物就会影响通行，于是便在窗边栽种了爬藤性的低矮植物。主人还在中庭中心附近栽种了较高的主树椰子树和丝兰。如果把这两种植物栽种到地里，那么植物就会长得过高，所以最好将之栽到花盆里。

在有限的场地中运用的栽种技术
PLANTING TECHNIQUE

选择能够适应严酷环境的植物

因为中庭是个四围式的环境，所以此处通风性差、日照时间短。因此，此处只能存活生命力顽强的耐阴性植物。生有斑锦的植物多是不喜阳光直射的，为了让空间整体看上去更加明亮，可以栽种几种斑锦植物。

绣球（右）
花叶地锦（右下）
迷迭香（左下）

拉门边角处的绿植。选用迷迭香的矮性种，平时放在室内管理的大鹤望兰正在做日光浴。

在通风性差的环境中的绿植

爬山虎

它生有斑锦的叶片很是美丽，看上去比花叶地锦更加柔弱。秋季，它在向阳处就会变成红叶。

绣球

生有斑锦的绣球不喜阳光直射，在明亮的散射光下可以观赏美丽的斑锦。

朱蕉、蕨类植物

生有斑锦的朱蕉和叶色鲜亮的蕨类植物的组合。朱蕉和椰子树一样，都应栽种在花盆中。

龙舌兰

叶片丰厚、叶尖尖锐的龙舌兰很有存在感，因为它较为低矮，所以被栽种在了拉门旁。

为种菜而通过 DIY 改造出来的 整齐田园

为了给家人提供新鲜好吃的蔬菜而开辟出来的
田园，如今成了生活中不可或缺的一部分。
主人在享受收获之乐、观赏田园景致时，
也在菜园里辛勤地工作着。

德岛县德岛市·麻植家庭院

菜田和庭院

KITCHEN-GARDEN

左上图：白色的房门作为装饰。　右上图：地砖都是主人亲自铺设的。　左下图：小屋的外墙处设立了一扇铁门，制造出了老式校园风格。　右下图：用边角料和流木（沉木）做的支柱。

在工棚后开辟出来的菜田。这是栽种西红柿、茄子、青椒、彩椒等夏季蔬菜 10 天后拍摄的照片。小屋的外墙处种有月季花、铁线莲和球根植物。这些花朵给略显乏味的菜园增添了些许色彩。

被阳光普照的花园和菜园

上图：连通菜园和后院的路旁围墙。墙头攀爬着的薜荔颇有风韵。　下图：栽种在刷漆花盆中的薰衣草和小花矮牵牛"超级喇叭"。

麻植女士从建房时起，就开始在向阳的地板露台处享受园艺之乐了。不过，自几年前开始，木材就老化了，所以她改建了露台。

"在改建时，为了延长露台的使用寿命，所以就加了房顶。既然做出了房顶，我就想再搭个小屋。"

露台虽然比以前小了，但菜地的面积却比以前大了。主人让施工队安装了小屋的房顶和8根柱子，在铺设的地板上安装了主窗。墙边架设的板子是主人施展了造园时培养出的DIY能力，在丈夫的帮助下，用两周左右的时间完成的。主人把在露台培育的植物都移栽到了玄关前。小屋的出现让室内外有了个缓冲，让人感觉庭院宽敞了许多。在休息日时，一家人可以围炉烧烤，享受夙愿达成的喜悦。

因为露台面积减少了，所以就可以循序渐进地挑战种菜了。夏天可栽种西红柿、黄瓜、茄子、青椒；冬天可栽种大头菜、白菜、西兰花。

"我们也经常失败。因为大头菜的种子比菜苗要便宜得多，于是我们就撒了很多种子。但因为发芽太多了，后来就扔了不少。虽然我们也种过外国蔬菜，但因为没想好该怎样食用，结果也浪费了。现在我们就只种最基本的蔬菜了。"

最令主人感到高兴的是，她的儿子也开始喜欢种地了。据主人说，她今年在挑战种哈密瓜。

"种花不能错过花期，种菜不能错过蔬菜口感最好的一刻，要注意把握时间。不过，以前花一生虫子，我就会想尽办法除虫，所以我觉得种菜也是一样的吧。"

据说，为了让家人今后也能吃到新鲜可口的蔬菜，主人正在兢兢业业地耕作中。

工棚小屋里的主树是摆放在圆凳上的光蜡树。走出小屋，迎面栽种的是"白万重""佛罗里达"等两种铁线莲。为了让藤蔓攀爬，墙壁和天棚上都加设了金属网。

从起居室看到的小屋，柔和的阳光射入了房间。

露台作业小屋
WORK HUT

1 把从院子里采摘下来的麻叶绣线菊插入水瓶。

2 用百叶窗制作的门板连通着后院。

3 摆放杂物和水壶的储物架。

4 迷你月季"绿冰"适合与学校用椅子和古旧的花盆外套等有怀旧风的物品搭配使用。

上图：小屋外南边的菜地。 左图：为了能在小屋里看花，把栽种在地里的"慷慨的园丁"月季的一条藤牵引到了小屋边。 右图：在锈迹斑斑的空罐中栽种的是可爱的圆叶景天类植物。

1

2

3

4

5

6

从玄关到中庭

ENTRANCE

1 玄关前的橄榄树树干上挂着圆扇八宝和景天的吊盆。

2 北边玄关前培育着月季、绣球、松果菊等花卉。

3 进入玄关就是麻植女士的工作室。

4 5月时开花的月季，主人喜欢浅色花朵。

5 风格自然的生了锈的煤油灯和铁罐。

6 绣球花树下的铁筷子。

上图：摆放在门口的橱柜。最上层的龙须菜是用旧箱子做了花盆套。

下图：把叶片带刺的芦荟种在了白瓷杯里。

左上图：这是主人给花盆刷漆、编织花环时的工作室。　右上图：展览台上笼罩着传统美的气氛。　左下图：收纳现有作品的展示柜。　右下图：主人有段时期热衷于编织花环，她一边展示干花和花材，一边将之收纳起来。

起居室 · 厨房

LIVING DINING

供家人休息的起居室。家具兼具北欧风格和传统风格。从起居室可以展望工作室。工作室的板墙、窗柜和架子的配色演绎了和谐的整体感。

亲手铺的路和用流木制作的支柱

为了方便浇水，过道就要铺设得宽一些。支柱是用捡到的小树枝、流木和修剪后的树木小枝制作的。

创意与品位

盆栽蔬菜

扎根浅的葱和新生植物宜栽种在花盆中。主人在照片右下方的两口锅中栽种了葱和水菜。

用铁皮围出一块迷你菜地

主人用捡来的旧铁皮围住了铺在生菜根部的稻草。

用铁线莲和水仙等时令花卉来装点菜田

可以用时令花卉把菜田装点得更为华美。把水仙栽种在墙边，让不占地方的爬藤性铁线莲攀爬在墙上。

拥有一片整齐的菜地

COMBINATION

薰衣草和小花矮牵牛

绽放鲜亮醒目的黄色花朵的小花矮牵牛"超级喇叭"是主人的儿子选中的。

体验花菜混栽的园艺之乐

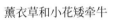

迷你月季

花色浓艳的迷你月季。就像在屋里观赏切花一样，可以将之摆在小屋里。

筋骨草和矾根

它们位于半日阴的葡萄架下，叶色对比鲜明、生动有趣。

蓝莓

把剩余的铁网靠在墙壁上，用蓝莓来做背景。

绣球和筋骨草

在生有鲜美新芽的绣球根部是茂盛地绽放紫色花朵的筋骨草。

水仙和景天

栽种在围墙下的水仙花把早春的菜地装扮得十分华美，可以用景天和南美天胡荽（铜钱草）作为地被植物。

无须过多装饰,
便能拥有保持
绝佳平衡的阳台花园

➤ ◆ ◄

通过大规模的改造,空间脱胎换骨,美丽自然。
阳台随风摇动的个性绿叶把生活点缀得五彩缤纷。

爱知县丰桥市 · 二村家庭院

橄榄树刚好与窗户等高。剪下一枝伸长的桉树枝条，将之插在小瓶子里，装饰餐桌。

左上图：从起居室眺望的阳台风景。夜间可以用灯光照亮植物。　右上图：阳台深处是多花桉和锈叶榕。

左下图：带嘴的青蓝色水桶是搅拌肥料和农药的农业用具。它是二村先生的祖父留下来的老物件。

右下图：起居室的银毛树是生长在冲绳和奄美海岸的野生植物。

因为阳台上的风较大，所以要用较重的赤陶来栽种橄榄树。二手箱子上是茎条四射的多肉。加上旧物改造而成的栅栏，让阳台化身为展示空间。

只把精选植物
加入生活空间，
让生活变得美丽多彩

摆在屋子角落的银毛树、阳台的多花桉。
这些植物都能自然地映入坐在沙发上的
人的眼帘。

家具园艺店"garage"的店主二村先生生活在他亲手改造的公寓中。

"因为这是座建成30多年的旧宅，所以房间和阳台之间总是有段落差的。改造后，阳台和室内地板的水准一样，所以不仅使用舒适，还会和房间形成整体感，令人感到视野开阔。"

改建前的阳台栅栏都是间隙宽大的铁制栅栏。在这样的栅栏边放上植物并不好看，屋里的隐私还会被一览无余，所以就用横板做遮挡。为了确保日照和通风，板子的间隔要设得大一些。

栽种在阳台的植物少得出奇，能给人一种清静整洁的印象。

"因为我少有时间在家里照管植物，所以就养了些不必费心打理的植物。我大多是将之摆放在阳台上的。绿植是我为了装扮房间才摆设的，所以不能养太多。不要让植物遮住阳光，这样才能有助于生活。"

如果想多养些植物，可以考虑将其挂在栅栏上或栽种在吊盆里。

"在阳台上，因为人们都会把花盆摆在栅栏前，所以栅栏的空间就会被压缩掉。如果有吊盆，就能制造出相对宽阔的空间，让这里成为让人感到绿意融融的一角。建议栽种紫花凤梨、仙人柱等株姿有趣、不必频繁浇水的植物。"

二村先生就是这样一位热爱工作、喜欢有个性的植物的人。据说，他每天都期待着与让他一见钟情的花盆邂逅。

选择无须费心照料的植物
SELECTION

摆 放 令 人 有 印 象 的 植 物

多花桉

图为在小树的枝条间生有圆形叶片的人气品种。此树生长迅速,原本并不适合盆栽。

桉树(*Eucalyptus pleurocarpa*)

图为养育两年的小树,减去枯枝、修剪树形让小树有了独特的造型。

橄榄树

易于在花盆中管理,建议作为阳台上的主树使用。

把植物整齐地摆放在
协调统一的空间里

　　如果选择有个性的植物,即便不用挑选很多,也能打造出一个有魅力的阳台。可以把形状个性、叶色美丽、具有特点的植物摆在一起。

　　如果用木板制作栅栏,则通常板子的间距为 2cm 左右。但为了确保日照和通风,所以设为约 3cm。

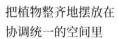

多肉植物

喜欢干燥的环境,浇水的频度要比一般花草少些才行。

有创意的露台设计

阳台的栅栏要与地板相配,都用木材制作,这样能够体现出空间的整体感。

混 栽 的 厨 房 花 园

可以用阳台栽种的芳香植物
给日常菜肴做佐料

　　在阳台栽种做菜用的芳香植物。在二村先生的家里共栽种了香芹、香蜂花等 6 种芳香植物。栽种的容器是工地搅拌水泥用的箱子,并在箱底钻了一个孔洞,再用镂空模板喷上文字。

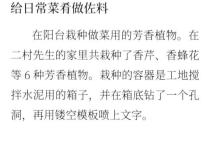

也可以栽种些生菜、青梗菜等叶子菜。

用手工的植物吊兜
来观赏绿意满屋

✦┼✦┼✦

只用麻绳和挂钩两种材料就可以制作出植物吊兜了。

可以在窗边、阳台等各种场地做吊架。

技法纯熟之后，既可以改换素材，

也可以变更设计，可以试着挑战原创设计。

教授人：黑田和义

STEP-1

掌握两种基本的编织方法

最适合挂在庭院和室内的手工植物吊兜

阿拉伯编织法（Macramé）是指用绳子编成各种纹样的手工艺。可以用这种方法来尝试制作植物吊兜。材料是从手工艺店家居中心就能买到的麻绳。用有色麻绳或毛线绳子可以改变吊兜的风格。

PATTERN-A

扭编 | 材料：麻绳（约40cm×2根）

编 织 方 法

①
把一根绳子折成两半制作芯，把它和另一根绳子打结。

②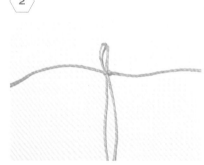
这是打完结的样子。

③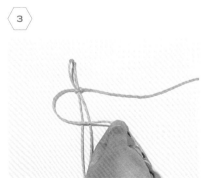
把左边的绳子从芯拉向右边。

④
把右绳搭在步骤3完成的绳子上。

把右绳头从芯后方穿过，从右环上方拉出。

从两边拉拽绳子，用力系紧。

重复 2~5 的步骤，拉拽两条绳子，用力系紧。

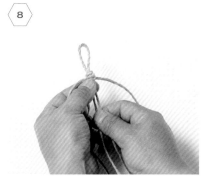

在编过几节之后，收紧编孔。

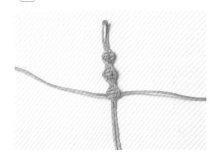

重复到 8 为止的步骤，就能自然地编织下去。

PATTERN-B

平编 │ 材料：麻绳（约 40cm×2 根）

编织方法

把一根绳子折成两半制芯，把它和另一根绳子打结。

这是打完结的样子。

③

把右边的绳子
从芯拉向左边。

④

把左绳头从芯
后方穿过，从
右环上方拉出。

⑤

把两边的绳子
拉紧。

⑥

这回把左侧的
绳子从芯上拉
到右边，右绳头
穿过芯后方从
左环上方拉出。

⑦

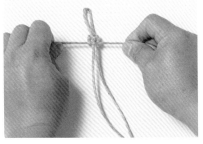

从两边拉拽绳
子，用力系紧。

⑧

在编过几节之
后，收紧编孔。

⑨

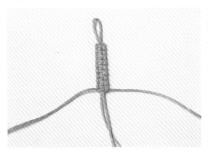

重复3~8的步
骤，就能完成
平编。

STEP-2

使用小挂钩，掌握编织技巧

ITEM
能装入 3~5 号盆的三根绳编织的吊兜

材料：麻绳（约 300cm×6 根 约 30cm×1 根）
吊环（ φ 25mm×1 个）

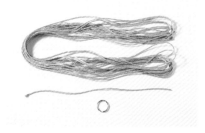

1

用约 30cm 长的麻绳把吊环紧密地缠裹起来。

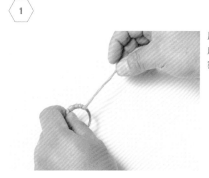

2

缠完之后，把麻绳头穿入最后一圈，拉拽，固定。

用基本扭编制作的迷你挂兜

这是适合盆底直径为 9~15cm 的花盆（3~5 号盆）使用的袖珍吊兜。3 根吊绳是用扭编编成的，托住盆底部的部分是用平编编成的，这样有助于稳定花盆。

③

固定之后保留 1cm 的绳头，剪掉其余部分。

④

把 6 根绳子穿过圆环。

⑤

从麻绳中间（长 150cm 的位置）抓住绳子。

⑥

在垂下来的 12 条绳子里，用 10 根做芯，把两端的 2 根绳子做扭编用，先拿起左端的绳子从芯上方拉至右侧，做一个环。

⑦

把右边的绳子从芯的后方穿过，穿过步骤 6 的环，从上方拉出去。

⑧

从两边拉拽绳子，用力系紧。

⑨

重复进行步骤 6~8 的编织作业，编 5cm 长的绳子。

⑩

把绳子分成 3 组 4 股，让中间的 2 根做芯，用扭编编织吊绳部分。为让绳子等长，最好以步骤 6~9 中编织的 2 根编绳做芯。

11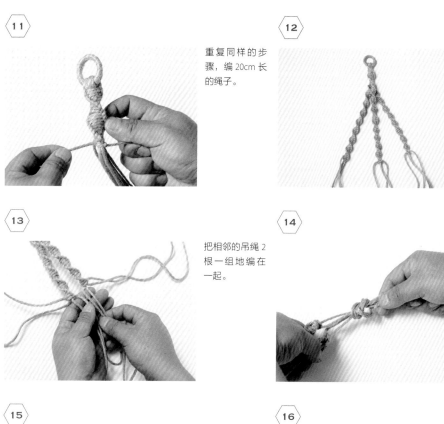

重复同样的步骤，编 20cm 长的绳子。

12

把余下的 8 根绳分成 2 组 4 股绳编 20cm。

13

把相邻的吊绳 2 根一组地编在一起。

14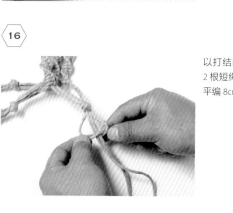

在距离编完处 5cm 的位置打结固定。

15

剩下的吊绳也两根一组地编在一起，并在距编完处 5cm 的位置打结。

16

以打结的绳头，2 根短绳为芯，平编 8cm。

17

余下部分也用平编法编完。

18

提取 2 根相邻的绳子。

⬡ 19

在完结处打结。

⬡ 20

这是打好的一处绳结，同样的方法把剩余两两相邻的绳子编起来，在末尾打结。

⬡ 21

全部编完。

⬡ 22

把剩下的绳子保留任意长度，剪掉。

⬡ 23

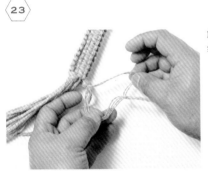

解开剪齐的扭编绳头。

⬡ 完成

把植物组合吊挂起来的样子。

STEP-3

挑战大号的吊兜

ＩＴＥＭ
吊挂起 5~6 号盆的 3 股吊兜

材料：麻绳（500cm×9 根　30cm×1 根）
　　　吊环（φ25mm×1 个）

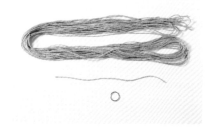

（1）

用 500cm 的 9 根麻绳从缠绕过麻绳的吊环中穿过。参考 p168~169。

（2）

抓住麻绳 250cm 长的位置。

增加绳号，加入有存在感的花盆

　　这次用直径 15~18cm 的 5~6 号盆，来挑战制作更大的植物吊兜。绳子的数量增多会给人一种结实的感觉。把流苏增长些就能提升平衡感。

3 用下垂的18根绳子中的14根做芯，把两端的4根编成挂绳。

4 把左边的2根绳从芯上拉到右边，打个环。右边的2根绳绕到芯的后边，穿芯而出。

5 把两边的编绳拉紧。

6 重复步骤4~5，做5cm长的扭编。

7 把麻绳平分成三组，每组6根，4根做芯，进行扭编。为保证绳长相等，用步骤4~6中编织的编绳做芯即可。

8 继续编25cm长的扭编。

9 把剩下的12根绳平分为两组，做25cm长的扭编。

10 编完的绳子每3根一组，分成两组。1根做芯，平编10cm。

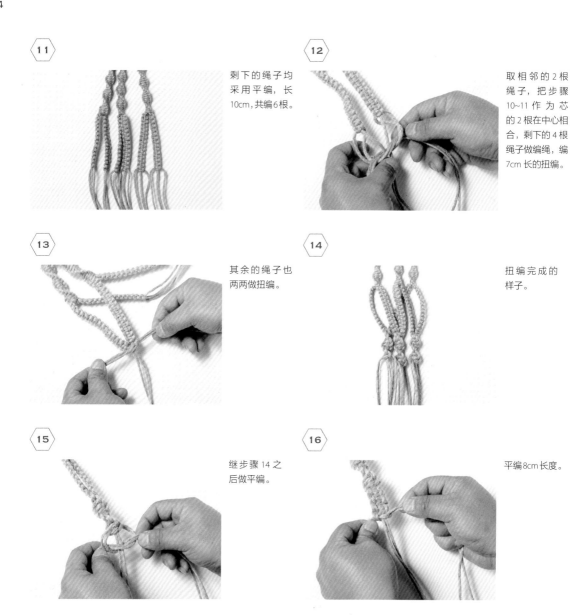

11 剩下的绳子均
采用平编，长
10cm, 共编6根。

12 取相邻的2根
绳子，把步骤
10~11 作 为 芯
的2根在中心相
合，剩下的4根
绳子做编绳，编
7cm 长的扭编。

13 其余的绳子也
两两做扭编。

14 扭编完成的
样子。

15 继步骤14之
后做平编。

16 平编8cm长度。

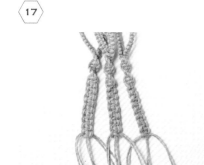

17 平编结束后的
样子。

18 将相邻的绳子
在编织完结处
打结。

⬡ 19

一处打结完成。

⬡ 20

用同样的方法给其他绳子打结。

⬡ 21

把剩下的绳子保留适当的长度，剪掉，解开编绳的剩余部分。

⬡ 完成

STEP-4

平编出来的吊兜可以让吊兜变得更加多样

平编简约的做工与现代家具风格相配

用扭编起头编绳，吊兜部分用平编，平编比扭编更易于制造出清爽柔和的印象。

黑田和义
KAZUYOSHI KURODA

他在"弗洛拉黑田园艺"工作。在打理植物的同时，他还制作了店内的展示品。他有品位且心灵手巧，可以随心所欲地制作出各种创意作品，可以在实体店买到他制作的物品。他与哥哥健太郎合著了《四季混栽与花草图鉴》一书。

CULTURAL GARDEN

sodatsumama ni hottarakashi no niwa dukuri

© 2015 Graphic-sha Publishing Co., Ltd.

This book was first designed and published in Japan in 2015 by Graphic-sha Publishing Co., Ltd. This Simplified Chinese edition was published in 2022 by China Machine Press.

Original edition creative staff

Book design: Kaori Shirahata

Photos&Text: Chiaki Hirasawa

Illustrations: Juriko Uesaka (p.18, 36), Kotorineiko (p.49, 51-55)

Translation: Kumiko

Editing: Harumi Shinoya

本书由 Graphic–sha Publishing Co., Ltd. 授权机械工业出版社在中国大陆地区（不包括香港、澳门特别行政区及台湾地区）出版与发行。未经许可出口，视为违反著作权法，将受法律之制裁。

北京市版权局著作权合同登记 图字：01–2020–7517 号。

图书在版编目（CIP）数据

文艺感花园：打造植物自在生长的庭院 / 日本株式会社图像出版社编；
袁光等译. — 北京：机械工业出版社，2022.3
ISBN 978–7–111–69909–5

Ⅰ.①文… Ⅱ.①日… ②袁… Ⅲ.①庭院 – 园林设计 – 日本 Ⅳ.①TU986.631.3

中国版本图书馆CIP数据核字（2021）第261038号

机械工业出版社（北京市百万庄大街22号　邮政编码100037）
策划编辑：马　晋　责任编辑：马　晋
责任校对：李　伟　责任印制：郜　敏
北京瑞禾彩色印刷有限公司印刷

2022年3月第1版第1次印刷
187mm×240mm·11印张·98千字
标准书号：ISBN 978–7–111–69909–5
定价：98.00元

电话服务　　　　　　　网络服务
客服电话：010–88361066　机 工 官 网：www.cmpbook.com
　　　　　010–88379833　机 工 官 博：weibo.com/cmp1952
　　　　　010–68326294　金 书 网：www.golden-book.com
封底无防伪标均为盗版　机工教育服务网：www.cmpedu.com